# 라파엘로가
# 사랑한
# 철학자들

**김종성** 지음

예술은 어떻게 과학과 철학이 힘이 되느가

# 라파엘로가 사랑한 철학자들

예술은 어떻게 과학과 철학의 힘이 되는가

나는 지식이 세상을 바라보는 우리의 방식을
극적으로 바꾼다는 강한 믿음을 가지게 되었다.

이 책은 그 경외감을 여러분과 공유하기 위한 것이다.

Jane에게

# 추천의 글

이 책의 저자인 김종성 선생을 처음 안 것은 홍대 근처의 진지한 독서 모임에서였다. 명색이 교수지만 전문지식을 빼면 일반교양은 평범한 수준을 크게 벗어나지 않는데, 조금 시간적 여유가 생겨서 문학, 인문학 등에 대한 관심을 가져보고자 젊은이들과 어울리며 참석하게 되었다. 김종성 선생은 모임에서 소위 에이스라는 친구들 중에서도 에이스였다. 문학, 인문학, 철학, 과학, 예술 등 다양한 분야에 관심을 가지고 깊이 있게 공부하는 젊은 청년이었고, 방대한 지식을 자신만의 언어로 차근히 논리적으로 피력하곤 하여 감명을 받기 일쑤였다.

저자는 이 책을 통해 라파엘로의 『아테네 학당』에 그려진 철학자들에 대하여 살펴본다. 그답게 철학, 과학, 예술, 신학의 분야를 넘나들면서도 일반인이 쉽게 접근할 수 있도록 친절하고 세세하게 서술하였다. 특히 여러 양질의 삽화들을 첨가하여 읽는 즐거움을 배가시키고 있다.

그림의 두 주인공인 플라톤과 아리스토텔레스의 철학과 그 후대의 파급에 대해 책의 전반부를 할애하고 있다. 플라톤의 철학에서 정십이면체의 의미를 설명하는 듯싶다가 이를 다빈치, 에서 등의 예술가, 보일, 하이젠베르크 등의 과학자, 그리고 쿼크, 힉스 입자, 입자가속기와 연결시켜 이야기를 전개해 나간다. 플라톤의 이데아론을 설명하면서는 이를 기하학에서 나타나는 수학의 추상성으로 풀어내다가, 현대 입자물리이론에 끼친 영향까지 살펴보는 등 풍성한 지식의 향연이 계속된다.

라파엘로의 『아테네 학당』에서 플라톤은 손가락을 위로 향하고 있고 아리스토텔레스의 손바닥은 아래로 향하고 있다. 그 이유를 설명하고자 이야기는 아리스토텔레스의 철학으로 옮겨간다. 감각과 지성의 우위에 대한 플라톤과 아리스토텔레스의 철학의 입장차를 보편자 개념에 대한 이해와 연결하여 설명한 후 신학으로 자연스럽게 넘어간다. 즉, 플라톤과 아리스토텔레스의 대립적 철학이 각각 아우구스티누스와 토마스 아퀴나스를 통해 신학에 스며들어 이어지고 있음을 설명한다. 그리고 다시 플라톤과 아리스토텔레스로 돌아가 두 사람의 철학의 차이를 다양한 방면으로 비교한다.

계속해서 저자는 『아테네 학당』에 등장하는 여러 철학자들을 한 명 한 명 세밀히 살펴본다. 인류 지성이 도달한 여러 영역들의 지식이 하모니를 이루어 파도처럼 결합하고 분화하는 것이 이 책의 끝까지 전개된다. 『소피의 세계』를 읽고 문학으로 해설하는 철학에 대한 희열을 느꼈다면, 이 책을 통해서는 예술과 현대 과학으로 해설하는 철학의 감동을 맛볼 수 있으리라 자부한다.

2023년 1월 11일
김병한, 연세대학교 수학과 교수

# 추천의 글

라파엘로의 유명한 그림『아테네 학당』에 등장하는 여러 철학자의 얘기를 그림과 함께 소개하는 멋진 책이다. 현대 과학이 과거의 철학과 과학의 거인들에게 얼마나 큰 빚을 지고 있는지 생생히 보여준다.

김범준, 성균관대학교 통계물리학과 교수

저자는 호기심 많은 눈으로 세상을 바라보다가, 온갖 지식이 있는 보물창고에 들어가게 되었다. 그곳에선 철학, 과학, 그리고 예술이 관계를 맺거나 한 몸이었다. 저자는 한참을 그곳에서 놀다가 나온 후에 이 책을 썼고, 서양 철학, 과학, 예술을 창의적인 시선과 분명한 목소리로 연결 지어 놓았다. 읽는 이들은 머릿속에서 전구가 반짝이는 기쁨을 맛볼 것이다. 소장하여 궁금할 때마다 꺼내 읽고 싶은 책이다.

김재희 도슨트, 『처음 가는 미술관 유혹하는 한국 미술가들』 저자

저자는『아테네 학당』을 그리는 라파엘로의 시선을 따라가며, 철학, 예술, 과학의 역사를 강렬한 스토리텔링으로 독자에게 전달한다. 저자의 해박한 지식과 관찰력, 논리적 추론과 전개에 감탄할 수밖에 없었다.

박세정 대표, MIT 테크놀로지 리뷰 한국판 발행인

책을 읽는 내내 상상했다. 지금 나는 바티칸 궁 서명의 방 한가운데에서 고개를 들어 라파엘로의 역작『아테네 학당』을 바라보고 있다고. 그리고 그 커다란 벽화에 그려진 여섯 명의 철학자에 대해 의심스러우리만치 자세히 알고 있는, 취향이 아주 독특한 도슨트의 설명을 듣고 있다고. 그의 설명을 듣고 있노라면 내가 익히 알고 있던 '철학'과 '과학'이라는 단어의 경계선이 모호해지는 경험을 하게 된다. 마침내 이 수다스러운 도슨트의 설명이 끝나고 고개를 숙여 뭉친 목 근육을 풀어주려 할 때, 우리의 머릿속에는 '과학'이라는 단어는 사라지고 최초의, '진리(sophy)를 알기 좋아(philo) 한다'는 의미로서의 '철학'이라는 단어만이 남게 된다.

이제 바티칸 궁 정문을 나설 때, 도슨트는 당신에게 안경 하나를 건네며 이야기한다. 안경의 왼쪽 렌즈는 '감각의 렌즈'이고 오른쪽은 '이성의 렌즈'입니다, 라고. 그리고는 이렇게 덧붙이며 당신에게 인사를 건네는 것이다. "당신은 이제 감각의 눈과 이성의 눈을 동시에 가지게 되었습니다. 세상에는 제가 설명해 드린 여섯 명의 철학자들처럼, 진리와 미가 실재한다고 믿는 이들이 있습니다. 만약 당신도 이 믿음에 동조한다면, 당신 또한 진리를 알기 좋아하는 작은 '철학자'라면, 이 안경을 통해 진리와 미를 찾으십시오. 부디 당신의 여정에 행운이 있기를 바랍니다."

김남억, 책과 고기를 좋아하는 육류수입사 영업사원

『아테네 학당』은 미술가 라파엘로의 대표 작품 중 하나입니다. 작품명은 몰라도 그림을 보면 '아~'라고 할 정도로 대중적으로도 많이 알려진 작품이지요. 이 책은 아테네 학당의 모델 중 대표적인 철학자들을 소개하고 있습니다. 가운데 서 있는 메인 모델이라 할 수 있는 플라톤, 아리스토텔레스는 물론이고 프톨레마이오스, 피타고라스, 유클리드, 아베로에스를 소개하고 있습니다. 이미 알고 있다고 생각했던 플라톤, 아리스토텔레스에 관한 이야기는 식상할 것으로 생각했습니다. 그런데 내가 알지 못한 이야기와 철학적 논제들이 무척 흥미롭습니다. 사제 간임에도 서로의 가치가 달랐고, 무엇이 달랐는지, 어떻게 발전시켰는지를 매우 상세하게 보여주고 있습니다.

철학뿐만 아니라 과학, 수학까지 다양한 분야에 대해 깊이 있는 지식을 제공하고 있습니다. 단지 한 폭의 그림이 아니라 그 안에 담겨있는 인물들을 볼 수 있다는 것이 아테네 학당의 매력이 아닐까 싶네요. 단순한 소개가 아닌 그림과 철학, 과학, 수학이 어떻게 연결되었는지를 설명하고 있기에 학문의 연관성에 대해서도 다시 생각해 보는 시간이었습니다. 책의 부피는 얇지만, 그 내용은 다채롭고 깊어서 놀랐습니다. 『아테네 학당』 출연진의 상세한 이력을 알고 싶다면 이 책이 딱 좋을 것 같습니다.

김동우, 백앤드 개발자

과학과 예술을 하나의 꼭지로 모아볼 수 있는 시야를 얻을 수 있는 책입니다. 과거의 인물들이 철학자, 발명가, 수학자, 화가 등 수많은 직업을 가질 수 있는 것에 대한 해답을 얻을 수 있습니다. 언뜻 이해가 가지 않는 과학과 예술의 공통점을 시대의 순서와 인물을 통해 차근차근 설명합니다. 과학과 예술을 생각하는 관점의 뿌리가 어떻게 같은지 알 수 있습니다. 과학, 예술, 철학에 관심이 있는 모든 분에게 추천합니다. 이 책을 읽는 모든 분이 새로운 관점과 통찰, 넓은 식견을 얻을 수 있을 것이라 기대합니다.

문주영, 인문학을 좋아하는 웹 개발자

이 책은 라파엘로가 그려낸 『아테네 학당』이라는 작품을 통해 과학과 철학, 신학, 그리고 예술의 흐름을 보여주는 도서이며, 다 읽고 났을 때 이 책을 정말 좋아할 사람들이 자연스레 떠오르는 우아한 도서이기도 합니다. 개인적으로는 조금 더 욕심을 내어, 도서라는 단어를 넘어 플라톤부터 아베로에스까지 인류의 거장들이 추구했던 아름다움과 진리, 그리고 이에 대한 수많은 성공담과 실수, 더 나아가 이것들이 현재를 살아가는 우리에게 어떤 영향을 끼쳤는지 자세하게 풀어주는 도슨트로 표현하고 싶습니다.

책에는 이러한 문장이 담겨있습니다. '위대한 사람들도 실수했고, 인류는 그 실수를 딛고 나아갔다. 또한 어떤 것들은 틀렸다고 판명될지라도 그 위대성이 퇴색되지 않기도 한다. 위대함은 단순히 참과 거짓으로 판단 받는 것이 아니며, 치열한 사유의 과정으로 판가름 나는 경우도 있기 때문이다.' 비록 우리 스스로가 위대한지는 알 수 없겠지만, 실수와 도전을 통해 인류를 나아가게 하는 위대한 일상을 살아가는, 많은 분을 응원하며 이 도서를 추천해 드립니다.

김진환, 차라투 개발자

# 목차

## 1장      플라톤

## 2장      아리스토텔레스

# 3장   프톨레마이오스

# 목차

## 4장　피타고라스

## 5장　유클리드

# 6장  아베로에스

# 들어가기 전에 _____

내가 처음으로『아테네 학당』을 본 것은 플라톤을 설명하는 어떤 철학 해설서의 표지 덕분이었다. 이유는 기억나지 않지만 어린 시절 고대 철학에 어설픈 관심을 갖게 되었고, 서점의 철학 칸을 기웃거리다 라파엘로의 작품 중에서도 최고로 꼽히는 걸작을 우연히 발견한 것이었다. 이는 큰 행운이었다고 볼 수 있겠지만, 사실을 고백하자면『아테네 학당』과의 첫 만남은 그다지 인상 깊지 않았다.『아테네 학당』은 교황의 궁전에 그려진 거대한 벽화이므로, 만약 실제로 그 곳에서 라파엘로의 작품을 봤다면 완전히 압도될 수도 있었겠지만, 표지에 인쇄된 그림은 너무나 작아 그림 속 인물들이 잘 보이지 않았다. 게다가 지식이라고 할 만한 게 없었던 당시의 내 상태로는 그림 속 수많은 학자의 후광을 마음의 눈으로 볼 가능성이라곤 눈곱만큼도 존재하지 않았던 것 같다. 행운은 준비된 사람에게만 행운이다.

내가 준비되었든 아니었든 간에, 라파엘로는 바로 그곳에 인간과 자연을 이해하기 위해 인류가 치렀던 거대한 투쟁의 역사를 일찌감치 새겨놓았다. 예술 작품 하나에 과학과 철학의 거대한 흐름을 담아낸다는 건 말도 안 되는 것 같지만, 라파엘로는 이 불가능해 보이는 목표를『아테네 학당』으로 실현했다. 충분한 시간이 지나 어느 정도의 지식을 쌓고 나서야 이 사실을 깨닫게 되었음을 고백해야겠다.『아테네 학당』에서 느낀 일종의 경외감 덕분에, 나는 지식이 사물과 세상을 바라보는 우리의 방식을 극적으로 바꾼다는 강한 믿음을 가지게 되었다. 이 책은 그 경외감을 여러분과 공유하기 위한 것이다.

책의 제목에 '철학'이라는 단어를 사용했지만, 여기서는 단지 현대적 분과 개념의 철학만이 아니라, '앎'이라는 넓은 의미의 철학을 다룬다. 경외의 여정에서, 나는 현대적 관점으로 고대 철학과 과학, 중세 신학을 옹호하기도, 때로는 비판하기도 했다. 당시의 학문을 현대적 시선으로 바라보는 것이 옳은가에 관한 의구심, 그리고 해당 영역의 전문성에 관한 의문이 이 지점에서 제기될 수도 있겠다. 이는 분명 올바른 지적이다. 나는 철학을 전공하지 않았고, 신학자도 아니며, 많은 전문가분들의 관점과 주장들을 책에 미처 담지 못했음을 미리 고백해야겠다. 이런 문제에도 불구하고 나는 예술이라는 아름다운 영역에서 출발하여 철학과 과학, 종교와 같은 광범위한 주제를 독자들과 함께 생각해 보길 원했음을, 그리고 이러한 작업이 나와 같은 평범한 독자들에게 지적인 기쁨을 줄 수 있길 간절하게 바랐음을 여기에서 밝힌다. 누구에게나 쉬운 출발점이 필요하다. 이 책을 통해 독자들이 인류의 지성사에 조금이라도 더 관심을 기울이게 된다면, 그 또한 큰 의미가 있다고 생각한다.

책의 내용은 2019년 10월경 약 일주일간 밤을 새우며 개인 소셜미디어에 올렸던 글을 보완하여 다시 엮은 것이다. 출간 의뢰를 받았을 당시, 나는 매우 자신감 넘치게 금방 책을 완성할 수 있을 것이라 말했지만, 이는 헛된 소망일 뿐임이 금방 드러났다. 결국, 삶과 투쟁해야만 했던 시간 사이에 틈틈이 글을 보완하고 최초 마감 예정일보다 1년을 더 지체하고서야 부끄러운 수준을 겨우 면한 책이 나왔다. 편집자 오소람 님의 너그러운 인내심이 아니었다면, 이 책은 출간되지 못했을 것이다. 또한, 부족한 글을 가장 먼저 검토하고, 새로운 관점의 이야기로 이 책을 더 풍성하게 만들어준 자경 씨에게 이 자리를 빌려 감사와 사랑의 마음을 다시 전하고 싶다.

이 책은 광범위한 인용을 포함한다. 저작권 문제를 해결하기 위해 노력해 주신 임민정 편집자님과 숱한 수정 요청에도 흔쾌히 응해주신 조부건 편집자님에게 감사의 인사를 드린다. 최대한 모든 출처를 정확하게 표기하려고 노력했고, 가능하다면 원문을 직접 찾아서 번역하였다. 저작권 문제로 사용할 수 없었던 내용도 상당수 있었으나, 오히려 그 덕분에 원문을 자세히 들여다보아야 했고, 결과적으로 책의 내용이 더욱 풍성해질 수 있었다. 마지막으로, 책에 존재할 수 있는 오류는 너무나 당연하게도 온전히 나의 부족함 탓이다.

# 라파엘로의 시선

르네상스 시대의 가장 위대한 작품들을 말하고자 할 때, 라파엘로의 작품을 빼놓는 것은 불가능하다. 라파엘로 산치오Raffaello Sanzio, 1483-1520는 매우 어린 나이에 교황의 부름을 받아 바티칸 궁전의 밋밋한 벽을 놀라운 그림들로 채웠고, 그 유산들은 다행히 지금까지 남아있다. 『아테네 학당The School of Athens』은 라파엘로의 천재성을 엿볼 수 있는 세계에서 가장 위대한 벽화 중 하나이자, 이 책의 처음부터 끝까지 다루게 될 그림이기도 하다.

[그림 1] Raffaello Sanzio, The School of Athens, 1509-1511, Fresco, 196²⁷⁄₃₂ × 303⁵⁄₃₂″ (500 × 770㎝), Apostolic Palace, Vatican City.

『아테네 학당』에는 고대 그리스의 지성을 대표하는 인물 대부분이 모여있다. 그런데 사실 바티칸 궁전에 이들이 존재하는 것 자체가 굉장히 아이러니한 일이며, 지난 역사를 고려해보았을 때, 특히 교황의 궁전에 아리스토텔레스가 그려져 있다는 것은 매우 놀랍다. 1231년 가톨릭 교회는 아리스토텔레스의 저작을 누군가가 읽거나 가르치면, 그를 파문하는 것에 찬성할 정도로 아리스토텔레스에 부정적이었기 때문이다. 그러나 위대한 신학자로 칭송받는 토마스 아퀴나스가 교회와 아리스토텔레스를 화해시키는 데 성공한 이후, 가톨릭 교회는 아리스토텔레스에 관한 이교도적 의심을 거두었을 뿐 아니라 심지어 바티칸 궁전에 아리스토텔레스가 그려지는 것을 허용했다. 어찌 보면 토마스 아퀴나스 덕분에 『아테네 학당』이 그려질 수 있었다고 말할 수도 있으니, 우리는 라파엘로와 동등하게 토마스 아퀴나스에게도 고마움을 표해야 할지도 모른다. 이렇게 『아테네 학당』 속 인물에는 수많은 이야기가 얽혀 있다.

물론 『아테네 학당』은 그 자체로도 훌륭한 평가를 받는다. 조형미와 원근감, 그리고 인물들의 전체적 균형이 보는 이에게 감탄을 주기 때문이다. 하지만 라파엘로의 천재성은 그저 그림을 잘 그리는 수준에서 그치지 않는다. 이 그림의 가장 재밌는 점은 라파엘로의 시선으로 각 인물의 핵심 사상을 요약한 알레고리적 장치들을 보고, 그들 각각이 누구이며 어떤 빛나는 업적을 이루었는지 짐작할 수 있다는 것. 이것이 바로 라파엘로의 『아테네 학당』을 더욱 위대하게 만드는 요소이다. 그러나 미술책과 휴대폰의 작은 화면으로 라파엘로가 묘사한 특징들을 찾아내기란 쉬운 일이 아니다. 이는 모든 것을 휴대기기로 보는 데 익숙한 우리 세대에게 일어나는 사소한 불행이다.

더 큰 불행은, 우리 대다수가 『아테네 학당』 속 개별 인물들의 사상을 낱낱이 알고 있기란 불가능하다는 점이다. 플라톤과 아리스토텔레스는 인기와 인지도의 측면에서 그나마 사정이 나은 편이지만, 어쩌면 누군가에게 피타고라스는 이름만 들어도 두드러기가 날 것만 같은 존재이며, 유클리드는 이름조차 들어본 적 없는 사람일지도 모른다. 그렇기에 누군가는 눈치채주길 바라며 라파엘로가 새겨놓은 수많은 지적 장치들은 우리의 눈앞에서 신기루처럼 사라져버리고 마는 것이다.

우리가 라파엘로의 의도를 눈치채고 『아테네 학당』에서 진정한 즐거움을 느끼려면 무엇을 알아야 할까? 아니, 이와 같은 질문을 하기 이전에 우리가 이런 즐거움을 굳이 느낄 필요가 있을까? 물론 이 질문에 대한 답은 사람마다 다르겠지만, 확실한 것은 '앎'이란 단순히 필요의 여부를 떠나, 우리에게 큰 기쁨을 왕왕 선사해준다는 점이다. 그러나 인기 있는 놀이기구엔 줄이 긴 법이다. 마찬가지로, '앎'이라는 즐거움을 얻으려면 약간의 시간을 들여 한 단계 더 깊게 파고들어 가야 하는 수고를 해야 할지도 모른다.

## 더 깊은 곳으로

그렇다면 얼마나 깊게 파고들어야 큰 재미를 느낄 수 있을까? 예를 들어 『아테네 학당』 중앙엔 플라톤과 아리스토텔레스라는 고대 그리스 철학을 대표하는 두 거장이 설전을 벌이고 있는데, 이 모습을 다음과 같이 단순하게 설명할 수도 있을 것이다.

[그림 2] 「아테네 학당」 중앙 세부

철학의 아버지로 불리는 왼쪽의 플라톤은 하늘을 가리키고 있으며, 이는 그가 주장한 불변의 이데아 이론을 상징한다. 반면 아리스토텔레스는 손바닥을 아래로 향하고 있다. 이는 자연으로부터 얻는 지식을 의미한다. 또 다른 주목할 만한 특징은 플라톤과 아리스토텔레스 모두 책을 들고 있다는 것이다. 플라톤은『티마이오스TIMEO』를, 아리스토텔레스는『에티카ETIKA』를 들고 있는데, 두 책 모두 그들의 사상을 담은 저작이다. 그리고 라파엘로는 동시대의 거장이었던 레오나르도 다 빈치를 모델로 삼아 플라톤을 그렸다. 이는 라파엘로가 레오나르도 다 빈치와 플라톤에게 바치는 찬사이기도 하다.

내친김에 피타고라스도 짧게 이야기해 보자. 피타고라스는『아테네 학당』의 왼쪽 아래에서 볼 수 있다.

[그림 3]『아테네 학당』왼쪽 아래 세부

피타고라스로 추정되는 인물이 책을 들고 무언가를 필기하고 있으며, 그의 앞에는 칠판 하나가 놓여있다. 'ΕΠΟΓΔΟΩΝ'이 새겨진 칠판에는 피타고라스가 중요하게 여긴 음의 비율과 그가 신성하다고 생각한 숫자가 쓰여있다.

이런 설명은 『아테네 학당』에 등장한 인물의 대략적 인상을 파악하는 첫 번째 단계일 것이다. 라파엘로는 플라톤과 아리스토텔레스의 손바닥 위치, 들고 있는 책과 같은 도구로 두 사람의 핵심적 사상을 은근히 드러내는가 하면, 피타고라스의 칠판과 같이 직접적으로 인물의 업적을 내보이기도 한다.

하지만 이렇게 몇 줄의 문장만으로 이들의 사상을 요약하고 마무리하면, 많은 것들을 놓치고 있다는 생각이 든다. 라파엘로는 왜 하필 플라톤의 많은 저작 중에 『티마이오스』를 그의 손에 들려주었으며, 학창 시절 우리를 괴롭혔던 '피타고라스 정리'가 아니라 'ΕΠΟΓΔΟΩΝ'을 피타고라스의 칠판에 적어놓았을까? 만약 우리가 한 발짝만 더 나아간다면, 거장 라파엘로의 시선에서 더 많은 통찰을 얻을 수 있을지도 모른다.

또한, 라파엘로가 고대 그리스의 거장을 당대의 시선으로 해석하고 그린 것처럼, 우리도 과감하게 이들의 사상을 현대적 관점에서 의미가 있는지 따져보려는 시도 또한 흥미로울 것이다. 고대 그리스에서 출발한 몇몇 이론은 2400년이 지난 지금도 여전히 높은 위상을 차지하고 있고 우리에게 많은 영감을 불어넣고 있기 때문이다.

# 1장

플라톤

BCE. 428 - BCE. 348

# 서양 철학의 거인

라파엘로가 사랑한 철학자들이라는 주제에 맞게, 『아테네 학당』의 중심에 있는 인물이자, 사상사 전체를 통틀어 가장 유명한 인물을 책의 출발점으로 삼는 것이 좋겠다. 그 인물은 바로 우리 모두가 한 번쯤은 들어보았을 플라톤이다. 인류사를 빛낸 사상가들을 이야기할 때, 플라톤은 아리스토텔레스와 함께 언급되는 거인으로 평가받는다. 고대 그리스 시대는 물론이며, 라파엘로가 살던 르네상스 시대에도 그랬고, 심지어 현재도 그렇다. 알프레드 노스 화이트헤드Alfred North Whitehead, 1861-1947는 "서양 사상의 역사는 플라톤의 주석에 불과하다"고 평가하기까지 했다. 무엇이 이토록 플라톤을 위대하게 만들었을까?

[그림 4] 라파엘로는 명백히 플라톤과 아리스토텔레스를 『아테네 학당』의 주인공으로 생각했다. 곧 이야기하게 되겠지만 이 두 사람의 사상은 몇몇 부분에서 꽤 달랐다. 하지만 서로 반대되는 주장을 펼쳤음에도, 두 사람의 이론 모두 나름의 설득력을 얻어 많은 추종자들이 따라다녔다는 사실은 흥미롭다.

플라톤Plato은 기원전 400년경의 인물로, 22살에 소크라테스를 만난 이후 철학을 하기로 마음먹었다고 한다. 그는 '아카데메이아'라는 학교를 설립했고, 거의 모든 분야의 문제들을 다뤘다. 수학자이자 철학자인 버트런드 러셀Bertrand Russell, 1872-1970은 플라톤의 사상을 크게 다섯 가지로 나눈다.

> 플라톤 철학에서 가장 중요하게 다루어야 하는 문제는 다섯 가지
> 이다. 첫째는 이상향으로서, 기나긴 역사 속에 등장한 최초의 형

태에 속한다. 둘째는 이상 이론으로서, 지금까지도 해결되지 않은 보편자 문제를 다룬 선구적 시도로 평가된다. 셋째는 영혼 불멸을 지지하는 논증이고, 넷째는 우주론이며, 다섯째는 지각이 아닌 상기로 간주되는 지식 개념이다.[1]

『서양철학사, 버트런드 러셀』

아쉽지만 여기서 플라톤이 주장했던 모든 이론들을 하나씩 다루며 이야기하는 것은 불가능하다. 만약 그렇게 하기로 마음먹는다면, 지금 이 페이지부터 시작하여 책의 마지막 페이지에 이르러서도 플라톤 이야기를 미처 끝내지 못한 채 책을 마무리해야 할 것이 틀림없기 때문이다. 그만큼 플라톤이 다루었던 주제는 방대하고 장엄했다. 그러나 다행히 『아테네 학당』에서 플라톤이 들고 있는 책 덕분에, 라파엘로가 플라톤의 수많은 업적 중 무엇에 큰 영감을 받았는지 확실하게 알 수 있다. 책의 이름은 바로 플라톤의 말기 저작인 『TIMEO Timaeus, 티마이오스』이다. 따라서 선택과 집중의 미덕을 발휘하여 이 책의 내용을 들여다보는 것으로 플라톤의 이야기를 시작해보는 것이 좋겠다. 초점에서 지나치게 벗어나지 않기 위해, 우리는 앞으로도 『아테네 학당』을 그린 라파엘로의 시선에 주목할 것이다.

## 플라톤의 TIMEO

『티마이오스』는 플라톤의 후기 작품으로, 다른 플라톤의 저작처럼 대화 형식으로 구성되어 있다. 플라톤은 티마이오스라는 사람의 말을 빌려, 우주와 인간이라는 거대한 담론을 다룬다. 즉, 『티마이오스』는 플라톤의 우주론에 관한 내용이 담긴 책이다.

위대한 철학자가 남긴 우주론이라니 뭔가 대단한 것이 담겨있을지도 모른다는 생

[그림 5] 플라톤(왼쪽)과 아리스토텔레스(오른쪽). 플라톤은 『TIMEO』를, 아리스토텔레스는 『ETIKA』를 들고 있다.

---

1. 버트런드 러셀, 러셀 서양철학사, 서상복 역. (을유문화사, 2009), p.166

각이 든다. 실제로『티마이오스』의 내용은 대단하고 거창한 것들을 주제로 삼고 있다. 1부에서는 지성(신)에 의해 제작된 우주와 인간에 대해 논의하고, 2부에는 세상의 구성 요소들에 대해 이야기한다. 그리고 3부에선 인체의 장기와 질병에 대해 논의하고 끝을 맺는다. 플라톤의 후기 작품인 만큼, 신, 세계, 그리고 인간, 즉 모든 것에 관한 플라톤의 성찰이『티마이오스』한 책에 담긴 셈이다.

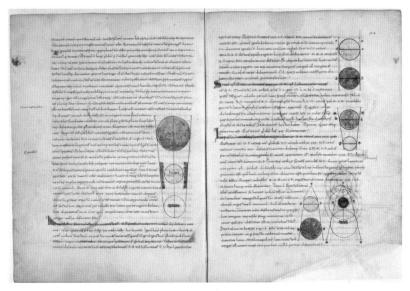

[그림 6] Plato, Timeo, Latin trans. Calcidius, Vatican Apostolic Library, Vatican City. 중세 번역가 칼시디우스 Calcidius에 의해 번역된『티마이오스』라틴어 필사본.『티마이오스』는 플라톤의 우주론을 집대성한 책이지만, 조금만 읽어본다면 사실로서의 기술은 형편없다는 것을 금세 눈치챌 것이다.

그러나 플라톤은 기원전 400년, 그러니까 지금으로부터 2400년 전의 사람이다. 따라서 잔뜩 기대한 채, 플라톤의『티마이오스』가 우리에게 '우주적 본질'이라든가 '우주의 작동 원리'와 같은 것을 알려주기를 바라며 그의 글을 읽어 내려간다면, 독자는 이 책이 터무니없는 내용으로 가득 찬 일종의 소설임을 금방 인식하고 실망을 금치 못할 것이다. 오히려 플라톤의 허무맹랑한 주장과 근거로 인해 도대체 그가 왜 위대한 사람으로 평가받는지 의아함을 감출 수 없을지도 모른다. 여기서 라파엘로가 플라톤의 손에 들려준『티마이오스』의 내용 일부를 살펴보도록 하자.

물에 사는 종류는 가장 어리석고 가장 무지한 자들로부터 생겨났는데, 신들은 그들을 변형시키면서 그들이 깨끗한 공기를 호흡할 가치조차 없다고 여겼으니, 이는 그것들이 온갖 잘못으로 인해 혼을 순수하지 못한 상태로 유지했기 때문이지요. 신들은 그것들이 섬세하고 순수한 공기를 호흡하는 대신, 탁하고 깊은 물속에 가서야 숨을 쉬도록 밀어냈던 것이지요. 물고기와 조개 및 물에 사는 모든 것들의 종족이 생겨난 것은 그로부터 비롯된 것이지요.[2]

『티마이오스, 플라톤』

『티마이오스』의 내용 대부분은 이렇듯 만물을 창조한 신에 기반하고 있기에, 모든 사물과 생명체는 목적론적 성격을 띠게 된다. 책의 마지막 장엔 윤회에 대한 플라톤의 생각도 담겨있는데, "남성으로 태어난 사람들 중 겁이 많고 부정의한 삶을 산 사람들은 모두 그럼직한 설명에 따르면, 두 번째 탄생에서 여성으로 태어났"다는 성차별적 표현을 스스럼없이 사용하기도 한다. 『국가』에서 플라톤이 성평등을 굉장히 강조했던 것을 고려하면, 『티마이오스』에 적힌 그의 주장은 심히 당황스럽다.

소크라테스: 그러니까 한 여자는 수호자의 자질도 갖추었으나, 다른 여자는 그렇지 못하다네. 우리가 선발한 수호자다운 남자들의 성향도 이런 게 아니었던가?

글라우콘: 분명히 그런 것이었습니다.

소크라테스: 그러므로 여자고 남자고 간에 나라의 수호와 관련해서는 그 성향이 같다네. 그만큼 더 약하거나, 그만큼 더 강하다는 점을 제외하고서는 말일세.

글라우콘: 그런 것 같습니다.

2. 플라톤, 티마이오스, 김유석 역, (아카넷, 2019), 92b
3. 플라톤, 티마이오스, 김유석 역, (아카넷, 2019), 91a

**소크라테스:** 그러니까 이런 부류의 여자들은 이런 부류의 남자들과 함께 살며 함께 나라를 수호하도록 선발되어야만 하네. 그들이 능히 그럴 수 있고 성향에 있어서도 남자들과 동류이니까 말일세.

**글라우콘:** 물론 그래야만 됩니다.[4]

『국가, 플라톤』

플라톤은 해부학 분야에도 거침없이 손을 뻗는데, 이 부분에 관한 수많은 오류로 인해 우리는 차마 『티마이오스』를 보기에 무안한 지경에 이르게 된다. 그의 책에 서술된 유기체 '지적 설계론'과 동시대를 살았던 히포크라테스의 '체액 이론[5]'은 2세기에 태어난 의사 갈레노스(Claudius Galenus, 129-216)에게로 이어지며 자연신학이 탄생하는 토대가 된다. 이런 생각들은 사실이 아님에도 불구하고, 천 년간 과학에 전방위로 영향을 끼치며 인류의 진보를 막는 결과를 낳았다.

라파엘로는 신학이 살아 숨쉬던 시대를 살았던 인물이다. 따라서 라파엘로를 포함한 그 시대 사람들에겐 『티마이오스』의 내용이 큰 위화감 없이 받아들여졌을지도 모른다. 하지만 현재를 살아가고 있는 우리에게 플라톤의 우주론과 생물학은 설득력이 있지도, 그다지 매력적이지도 않다.

플라톤은 논리적인 사고를 통해 결론에 도달하는 과정을 매우 중요하게 여긴 것으로 알려져 있고, 그렇기에 수학(기하학)을 사랑했다. 그의 학교 아카데메이아에 간판으로 내세웠던 도발적인 문구는 이러한 플라톤의 가치관을 잘 보여준다.

◆―――――――――◆

*ΑΓΕΩΜΕΤΡΗΤΟΣ ΜΗΔΕΙΣ ΕΙΣΙΤΩ*
*(기하학을 모르는 자는 이 안으로 들어올 수 없다)*
*- 플라톤 -*

◆―――――――――◆

---

4. 플라톤, 플라톤의 국가(政體), 박종현 역, (서광사, 1997), V, 456a
5. 사람의 몸이 '뜨거움', '차가움', '건조함', '습함'의 네 성질을 가지고 있고, 이 성질들의 조합으로 '피', '점액', '황담즙', '흑담즙'의 네 가지 체액으로 이루어져 있다는 주장.

이렇게 논리와 수학을 중요시한 플라톤의 이론이 현대에 와서 터무니없는 주장으로 밝혀진 것을 어떻게 받아들여야 할까? 또 잘못된 이론이 민망할 정도로 오랜 기간 동안 옳다고 여겨진 이유는 무엇일까?

여기서 플라톤의 이론을 비호하고 싶은 마음은 전혀 없다. 하지만 그의 주장을 모두 터무니없다고 치부하기는 어려울 수도 있겠다. 인류가 플라톤의 『티마이오스』에 아주 크게 빚진 것이 최소 한 가지는 존재하기 때문이다. 그것은 바로 '4원소설'이다.

## 플라톤의 4원소

『티마이오스』의 중반에서, 플라톤은 불, 물, 흙, 공기의 네 가지 물질이 우주의 구성물이라고 언급한다. 이는 플라톤 이전의 철학자인 엠페도클레스의 사상을 계승한 것이라 할 수 있다. 엠페도클레스 또한 만물이 불, 물, 흙, 공기의 네 가지로 이루어져 있다고 주장했다.

> 신이 우주를 질서 지우는 일에 착수했을 무렵, 처음에 불과 물과 흙과 공기는 자기들의 몇몇 흔적들을 가지고 있긴 했지만, 그것들은 마치 어떤 것에서 신이 떠나 있을 때 모든 것들이 처할 법한 그런 상태에 전적으로 놓여 있었던 것이지요.[6]
>
> 『티마이오스, 플라톤』

하지만 플라톤은 엠페도클레스의 주장에서 한발 더 나아가, 피타고라스의 수비학[7]과 기하학을 결합하는 일종의 재치를 발휘한다.

> 바로 그때 그렇듯 원초적인 상태에 있었던 그것들에 대하여 신은 도형과 수를 가지고서 형태를 부여해 나갔던 것입니다.[8]
>
> 『티마이오스, 플라톤』

---

6. 플라톤, 티마이오스, 김유석 역, (아카넷, 2019), 53b
7. 수를 신비롭게 여기는 학문. 피타고라스를 설명하는 장에서 자세히 이야기할 예정이다.
8. 플라톤, 티마이오스, 김유석 역, (아카넷, 2019), 53b

잠시 '정육면체'라는 단어를 오래된 기억 속에서 꺼내, 그 형태를 떠올려 보자. 정육면체는 같은 길이의 변을 가진 '정사각형' 여섯 개를 조립해서 만들 수 있다. 그리고 정육면체처럼 수학적으로 동일한 면을 가지는 입체, 즉 정다면체는 다섯 가지밖에 존재하지 않는다.

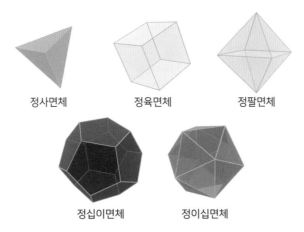

정사면체          정육면체          정팔면체

정십이면체          정이십면체

[그림 기 다섯 가지 정다면체. 각 면이 맞닿은 꼭짓점에 최소 세 개의 면이 만나야만 정다면체가 형성된다. 따라서 볼록한 형태의 정다면체는 다섯 개밖에 존재하지 않는다.

이는 플라톤의 시대에도 공공연한 사실이었다. 플라톤은 이에 영감을 얻어 불, 물, 흙, 공기를 네 개의 정다면체와 연결 짓고, 그 나름의 근거도 제시한다. 예를 들어 정사면체를 불과 연관 짓는 이유는 아래와 같다.

> 가장 적은 수의 면을 가진 것이 본성상 가장 잘 움직이는 게 필연적이지요. 왜냐하면 모든 측면에서 볼 때, 그것은 모든 것들 중에서 가장 날카롭고 가장 뾰족하며, 아울러 가장 적은 수의 같은 부분들로 구성되어 있기에 가장 가벼우니까요.[9]
>
> 『티마이오스, 플라톤』

이러한 설명은 당시에 꽤 그럴싸하게 들렸을 것이다. 비슷한 논리로 플라톤은 정팔면체를 공기에, 정육면체를 흙에, 정이십면체를 물에 대응시킨다. 그러

9. 플라톤, 티마이오스, 김유석 역, (아카넷, 2019), 56b

나 4원소를 정다면체에 대응시키면, 정십이면체는 대응되지 않은 채 남아있게 된다. 이 부분이 『티마이오스』에서 모호한데, 보통 학자들은 플라톤이 정십이면체를 우주에 대응시켰다고 생각한다.[10]

> 하지만 여전히 하나의 구조, 그러니까 다섯 번째 물체가 더 있는 데, 신은 이 우주를 위하여, 즉 이 우주를 다채롭게 그려 내기 위하여 그것을 사용했습니다.[11]
>
> 『티마이오스, 플라톤』

정십이면체를 우주로 상정하면, 존재하는 모든 정다면체는 최종적으로 무엇인가를 지시하게 된다. 그렇기에 이 정다면체들은 '플라톤 입체Platonic Solid'라 불리기도 한다. 이렇게 제한적 개수를 가진 수학적 구성물과 자연에 존재하는 원소를 대응하고자 했던 플라톤의 시도는 깊은 인상을 준다. 그러나 이 정도에서 끝났다면 그에게 위대한 철학자라는 타이틀을 붙이기엔 조금 부족하다고 느꼈을지도 모른다. 정다면체를 향한 플라톤의 집념은 여기서 끝나지 않고 한 걸음 더 나아가는데, 그 이야기를 하기 전에 잠시 정십이면체 하나에 주목해 보도록 하자.

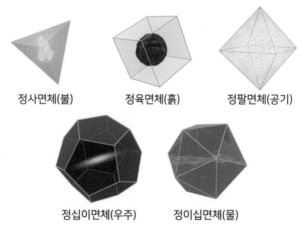

정사면체(불)   정육면체(흙)   정팔면체(공기)

정십이면체(우주)   정이십면체(물)

[그림 8] 다섯 가지 플라톤 입체. 플라톤은 정다면체에 각각의 원소를 대응시켰다.

---

10. 우주를 구로 표현하는 장도 존재한다.
11. 플라톤, 티마이오스, 김유석 역, (아카넷, 2019), 55c

# 퀸테센스

Quintessence퀸테센스라는 단어는 우리에게 조금 생소하긴 하지만, 오히려 그래서인지 이 단어는 공상과학영화와 대중매체에 꽤 자주 출현한다. 그리고 'Quint'가 '다섯', 'Essence'가 '본질' 또는 '정수'를 의미하고, 정십이면체가 '정오각형'으로 구성된다는 사실을 안다면, 이 단어가 플라톤의 다섯 번째 입체, 즉 우주를 지칭하는 데 적합하다는 것에 동의할 수 있을 것이다. 예술가들은 『티마이오스』에서 도발적으로 주장된 플라톤 입체에 관심을 많이 가졌는데, 특히 플라톤이 제일 말하기 꺼렸던 정십이면체에 천착한 작품들이 많다. 플라톤이 왜 정십이면체를 언급하길 꺼렸는지에 관한 추측은 곧 설명하기로 하고, 지금은 정십이면체와 관련된 몇 가지 작품을 살펴보도록 하자.

가장 먼저 살펴볼 작품은 기하학으로 가득 차 있는 야코포 데 바르바리Jacopo de' Barbari의 『루카 파치올리의 초상Portrait of Luca Pacioli』이다. 그림의 중앙에는 루카 파치올리Luca Pacioli, 1447-1517?가 그려져 있고, 앞서 이야기한 플라톤 입체 중 하나인 정십이면체는 오른쪽 아래의 책 위에 놓여 있다. 책에는 'LI. RI. LUC. BUR'라 적혀 있는데, 그림 속 주인공인 루카 파치올리가 1494년에 쓴 수학책 『산술 요약Summa de arithmetica』으로 추정된다. 또한 파치올리가 오른손으로 도형을 그려 넣은 칠판에는 EUCLIDES유클리드가 새겨져 있으므로, 왼쪽 손으로 가리키는 책은 고대 그리스 수학자 유클리드의 『원론』으로 추정해 볼 수 있다. 정십이면체 외에 왼쪽 위에 매달려있는 입체도 우리의 흥미를 끈다. 이 도형은 동일한 면으로 구성된 플라톤 입체가 아닌 '아르키메데스 입체'로 불리는 것들 중 하나로, 8개의 정삼각형과 18개의 정사각형으로 구성된다. 루카 파치올리는 어떤 사람이었기에 이런 모습으로 그려졌을까? 그는 유클리드의 『원론』을 번역했고, 복식 부기 장부의 개념을 도입하여 근대적 회계 처리방식을 고안한 사람이다. 따라서 그는 '회계의 아버지'로 불리기도 한다.

[그림 9] Jacopo de' Barbari, Portrait of Luca Pacioli, 1495, Oil on canvas, 39 × 47¼″ (99 × 120㎝), Museo e Gallerie di Capodimonte, Naples. 중심에는 그림의 주인공 루카 파치올리가 있고, 오른쪽 아래에 플라톤 입체 중 하나인 정십이면체가 책 위에 놓여 있다.

우리에게 조금 더 잘 알려진 예술가, 살바도르 달리Salvador Dali, 1904-1989가 그린 『최후의 만찬 성사The Sacrament of the Last Supper』에서도 예수와 제자들을 둘러싼 플라톤 입체를 확인할 수 있다. 그는 신과 우주를 연결 짓는 기하학적 도형으로 정십이 면체만큼 좋은 오브제는 드물다는 것을 알고 있었다.

> 나는 숫자 12의 천상의 성찬식에 기반한 광휘와 피타고라스적 순 간성을 구현하길 원했다. 하루의 열두 시간, 일년의 열두 달. 정십 이면체의 열두개의 오각형, 태양을 도는 황도 12궁, 그리고 그리 스도 주변의 열두 사도.
>
> - 살바도르 달리 -

게다가 플라톤 철학이 훗날 그리스도교에 흡수되었다는 것을 고려하면, 플라톤과 그리스도교의 결합이 그다지 이질적인 것도 아니다. 플라톤과 그리스도교와의 관계는 아리스토텔레스를 다루는 장에서 더 자세히 이야기할 예정이다.

흔히 살바도르 달리는 심리학자 지그문트 프로이트Sigmund Freud, 1856-1939의 영향을 받아 무의식의 세계를 그리는 초현실주의 화가로 잘 알려졌지만, 실은 물리학과 수학에도 상당한 관심을 가졌으며, 과학적 신비주의를 그의 작품에 반영한 것으로도 유명하다. 4차원 초입방체로 예수의 십자가를 표현한 작품『초입방체의 시신Corpus Hypercubus』과 그가 쓴『신비 선언Mystical Manifesto』 등에서 그 흔적을 쉽게 찾아볼 수 있다.[12]

> 달리 신비주의의 편집증적 위기는 대개 금세기의 특정한 과학의 진보, 특히 양자 물리학의 실재성에 관한 형이상학적 영성 (...) 에 의존한다.[13]
>
> 『신비 선언, 살바도르 달리』

> 초현실주의자일 때, 나는 내면세계의 도상학, 즉 나의 아버지 프로이트의 놀라운 세계를 창조하고 싶었다. 나는 그것을 실현하는 데 성공했다.

> 오늘날 물리학이라는 바깥 세계는 심리학의 세계를 초월해버렸다. 이제, 나의 아버지는 하이젠베르크 박사이다. 내가 그리고 싶은 천사들과 현실의 아름다움은 파이 중간자와 가장 젤리 같은 불확실한 중성미자들과 함께한다. 나는 곧 그것을 실현하는 데 성공할 것이다.[14]

> 『반물질 선언, 살바도르 달리』

12. 루카 파치올리와 달리의 작품에 나타난 정십이면체를 더 자세히 알고 싶다면, Lynn Gamwell의 『Mathematics+art, A Cultural History』를 참고.
13. Salvador Dalí, Manifeste Mystique, (Robert J. Godet, 1951), reprinted in an English translation in Haim Finkelstein, The Collected Writings of Salvador Dalí, trans. Haim Finkelstein, (Cambridge University Press, 1998), p.363
14. Salvador Dalí, Manifeste Mystique, (Robert J. Godet, 1951), reprinted in an English translation in Haim Finkelstein, The Collected Writings of Salvador Dalí, trans. Haim Finkelstein, (Cambridge University Press, 1998), p.366

정십이면체가 모습을 드러내는 또 다른 작품은 M. C. 에셔M. C. Escher, 1898-1972의 환상적 작품인 『도마뱀들Reptiles』이다. 에셔는 2차원 평면에 그려져 있는 악어를 3차원의 세계로 불러낸 후, 몇 번의 절차를 거쳐 그들을 다시 2차원 평면으로 돌려보낸다. 현실 세계로 불러온 도마뱀은 동물학 서적을 등산한 후, 정십이면체 우주의 한 단면 위의 정상에서 만족스러운 콧김을 내뿜고 돌아간다. 그는 이러한 순환의 테마, 즉 '재귀성'을 주제로 한 작품을 다수 그렸다. 또한 평면을 채우는 '테셀레이션Tessellation, 쪽매맞춤' 기법도 이 그림에서 확인할 수 있는데, 에셔를 유명 인사의 반열에 올린 것은 이런 완벽에 가까운 테셀레이션 덕이 크다. 작품에서 드러나는 독특한 패턴 인식은, 그가 1922년 스페인의 알함브라 궁전을 방문했을 때 보았던 '선Line'을 기반으로 한 아랍 세계의 예술인 '아라베스크Arabesque'에서 영감을 받은 것으로 알려져 있다.

레오나르도 다 빈치Leonardo da Vinci, 1452-1519의 스케치에서도 플라톤의 정십이면체를 찾아볼 수 있다. 다 빈치는 인체에 대한 관심이 플라톤만큼이나 지대했다. 레오나르도 다 빈치는 '모나리자'로 우리에게 잘 알려졌지만, 직접 시신 30구를 해부하여 700장의 신체 스케치를 그린 것으로도 유명하다.

[그림 10] Luca Pacioli, Divina Proportione, (Paganini, 1509), Plate 28, p.181. 레오나르도 다 빈치가 그린 정십이면체. 이 그림은 앞서 말했던 루카 파치올리의 저서인 『Divina Proportione』에 수록되었다.

라파엘로가 레오나르도 다 빈치를 모델로『아테네 학당』의 플라톤을 그렸다는 주장은 정설로 받아들여지고 있는데, 다 빈치와 플라톤의 관심사가 꽤 비슷했다는 점을 고려하면 이는 나쁘지 않은 결정으로 느껴진다.

이처럼 플라톤 입체 중 정십이면체 하나에도 예술가들은 상당한 영감을 받아 많은 작품을 남겼다. 그렇다면 과학은 어땠을까?


## 4원소를 넘어서

어떤 현상을 설명하는 이론을 만들어내는 것은 어렵고, 그 이론이 많은 사람들에게 인정받기란 더 힘든 일이지만, 플라톤의 4원소설은 오랜 시간 사랑을 받았다. 사실이 아니었음에도 플라톤의 4원소설이 큰 성공을 거둔 이유는 무엇이었을까? 그 이유 중 하나는, 플라톤의 4원소설에 '환원주의 Reductionism'라 불리는 현대 과학의 성공 전략이 기저에 존재하기 때문인지도 모른다. 과학에서 말하는 환원주의는 '개별적인 구성 요소들의 거동을 통해 전체의 시스템을 설명하려는 시도'라 할 수 있는데, 플라톤은 4원소를 뛰어넘어 이 원소들이 **더 작은 기본단위**인 '삼각형'으로 이루어졌다고 주장함으로써 환원주의자의 면모를 보여준다.

삼각형은 종류가 매우 많지만 정십이면체를 제외한 정다면체는 오직 '정삼각형'과 '정사각형'의 면으로 이루어져 있으므로[15] 플라톤이 선택할 수 있는 후보는 그다지 많지 않다. 여기서 그는 선택의 미학을 발휘해 자신의 지성을 다시 한번 뽐낸다.

> 그렇다면 불 및 다른 원소들의 몸을 만들어 주는 두 가지 삼각형이
> 선택된 걸로 하죠. 그 하나는 이등변삼각형이고, 다른 하나는 더 긴
> 변이 더 짧은 변보다 제곱에서 언제나 세 배가 되는 삼각형입니다.[16]
>
> 『티마이오스, 플라톤』

---

15. 정사면체, 정팔면체, 정이십면체는 정삼각형으로 구성되고, 정육면체는 정사각형으로 구성된다.
16. 플라톤, 티마이오스, 김유석 역, (아카넷, 2019), 54b

플라톤이 선택한 기본단위 삼각형은 **직각 이등변 삼각형**과 **세 각이 각각 30°, 60°, 90°를 이루는 삼각형**30-60-90 삼각형이다.[17] 왜 하필 이 두 삼각형이었을까? 직각 이등변삼각형 네 개를 합치면 정사각형을 만들 수 있고, 이 정사각형을 이어 붙여 정육면체흙를 만들 수 있기 때문이다. 마찬가지로 30-60-90 삼각형 여섯 개를 합치면 정삼각형을 만들 수 있고, 다시 이 정삼각형으로부터 정사면체불, 정팔면체공기, 정이십면체물를 만들어낼 수 있다.

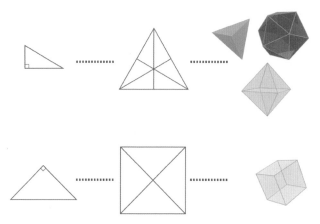

[그림 11] 정삼각형은 30-60-90 삼각형 여섯 개를 이어 붙여서 만들 수 있고, 정사각형은 직각 이등변 삼각형 네 개로 만들 수 있다.

따라서, 같은 기본단위30-60-90 삼각형를 가진 불, 물, 공기는 서로 변환이 가능한 반면, 흙은 홀로 독자적인 단위직각 이등변 삼각형를 가졌기 때문에 다른 원소로 바뀌는 것이 불가능하다고 플라톤은 주장할 수 있었다. 이처럼, 기본단위에 대한 플라톤의 생각은 단순한 4원소설보다 진보한 형태였다.

사실 그 네 종류의 것들은 우리가 선택했던 삼각형들에서 생겨나
는데, 세 종류는 부등한 변을 지닌 삼각형 한 가지로 이루어진 반
면, 네 번째 종류 하나만은 등변삼각형으로부터 결합된 것입니다.
따라서 모든 물체들이 서로 해체되면서 다수의 작은 것들로부터
소수의 큰 것들이 생겨난다거나 혹은 그 반대의 경우가 일어나는

---

17. 플라톤의 두 번째 문장을 이해하려면, 중학교와 고등학교 때 배운 기하학을 떠올려 보아야 한다. 30°, 60°, 90°로 이루어진 삼각형의 빗변, 밑변, 높이의 비는 $2a : a : \sqrt{3}a$이므로, 긴 변과 짧은 변의 제곱의 비는 $(\sqrt{3}a)^2 : a^2$, 간단히 나타내면 3:1이다. 즉, 30-60-90 삼각형은 더 긴 변이 더 짧은 변보다 제곱에서 언제나 세 배가 된다.

것은 가능하지 않아요. 오직 세 가지 물체만이 그럴 수 있지요.[18]

『티마이오스, 플라톤』

하지만 플라톤 입체 중, 정십이면체를 구성하는 정오각형은 위에서 언급한 두 기본단위로 만들 수 없다. 그리고 플라톤은 분명히 이 사실을 알았기에 정십이면체를 구체적으로 언급하길 꺼린 것은 아니었을까? 혹은 우주는 물질이 아니므로 더 작은 구성 요소로 이루어질 수 없는 것은 당연하다고 항변했을지도 모른다. 만약 그렇다면 플라톤은 이론을 세운 후에 그에 맞는 것은 매우 강조하고, 그렇지 않은 것은 다소 얼버무리는 일종의 취사 선택을 한 셈이다. 이는 분명 과학자로서는 실망스러운 모습이다. 그럼에도 4원소설은 플라톤만이 아니라 아리스토텔레스를 비롯해 많은 학자가 지지하는 인기 있는 이론이었으며, 아리스토텔레스는 이 원소에 기묘한 설명을 더하기까지 했다.

'본성을 따르는 것'은 이러한 모든 사물에 적용되고, 그 자체의 미덕에 속하는 속성이다. 예를 들어 위로 향하려는 불의 특성은 '본성'도 아니고 '본성을 가지는 것'도 아니라 '본성에 의한 것', 또는 '본성을 따르는 것'이다.[19]

일반적으로 움직임과 정지상태는 위에서 설명한 대로 상반성을 보여준다. 예를 들어, 위로 향하려는 움직임과 위에 정지해 있는 상태는, 각각 아래로 향하는 움직임과 아래에 정지해 있는 상태와 대비된다. (...) 그리고 위로 향하는 이동은 본성적으로 불에 속하고, 아래로 향하는 이동은 땅에 속한다. 즉 이 둘의 움직임은 상반된다. 다시 말해, 불이 위로 움직이면 본성을 따르는 것이지만, 아래로 향하면 본성을 따르지 않는 것이다. 그리고 본성적 움직임은 분명히 본성적이지 않은 움직임과 상반된다.[20]

『자연학, 아리스토텔레스』

18. 플라톤, 티마이오스, 김유석 역, (아카넷, 2019), 54c
19. Aristotle, Physics, trans. R. P. Hardie and R. K. Gaye, Book II, Part 1
20. Aristotle, Physics, trans. R. P. Hardie and R. K. Gaye, Book V, Part 6

지금의 관점에서 보면 헛소리나 마찬가지인 이론이, 로버트 보일<sub>Robert Boyle,</sub> <sub>1627-1691</sub>과 라부아지에<sub>Antoine Lavoisier, 1743-1794</sub> 등의 화학자가 심각한 문제를 제기하고 실험으로 검증하기 전까지 상당한 공신력을 유지하고 있었다는 사실은 우리에게 꽤 충격일지도 모르겠다. 하지만 진정한 의미의 실험물리학은 갈릴레오 갈릴레이가 탄생한 16세기가 되어서야 걸음마를 시작했다.

> 나는 계속해서 당신에게 말해야 한다. 비록 4원소를 주장하는 자들이 이성을 매우 높게 평가하고, 4원소가 존재함이 틀림없다고 예전부터 충분한 주장을 해왔지만, (...) 그 수를 발견하기 위해 분별력 있는 시도를 한 사람은 그 누구도 없다.[21]
>
> 『회의적 화학자, 로버트 보일』

어떤 이론이 잘못된 것으로 밝혀진다면, 그 이론은 사람들의 머릿속에서 금방 지워질 것만 같다. 하지만 4원소설은 유독 끈질긴 생명력을 가지고 있었다.


## 물질의 기본단위

예술가들이 플라톤 입체에 영감을 많이 받았다고는 하지만, 과학자들도 만만치 않았다. 특히 물리학자 하이젠베르크<sub>Werner Karl Heisenberg, 1901-1976</sub>는 그의 자서전에서, 대학 입학 전에 플라톤의 『티마이오스』를 읽으며 당시 완전히 밝혀지지 않은 원자의 구조에 관해 생각에 잠기곤 했다고 고백한다.

> 원자는 사물이 아닐 것이라는 확신이 들었다. 티마이오스에서 플라톤 역시 이런 생각이었을 것이다.[22]
>
> 『부분과 전체, 베르너 하이젠베르크』

---

21. Robert Boyle, The Sceptical Chymist, (J. M. Dent & Sons, 1900), p. 20
22. 베르너 카를 하이젠베르크, 부분과 전체, 유영미 역, (서커스출판상회, 2016), p. 25

플라톤이 생각한 기본단위로서의 직각삼각형은 입자물리학이 추구했던 환원주의와 일맥상통한다. 우주의 작동방식을 이해하기 위해 입자물리학 또한 입자를 더 작은 기본단위로 파고들어 감으로써 굉장한 성취를 거두었기 때문이다.

따라서 플라톤이 공기를 정팔면체로 생각했고, 그 기본단위는 정삼각형이며, 정삼각형은 다시 30-60-90 삼각형으로 쪼개진다는 생각이 근본적인 측면에서 옳았다고 약간의 억지를 부릴 수 있다. 실제로 공기 중에 존재하는 산소 분자는 산소 원자 두 개로 이루어져 있고, 산소 원자를 깊게 파고들어 가면 양성자 여덟 개와 이와 비슷한 개수의 중성자로 이루어져 있음을 알 수 있다. 어떤 원소의 양성자 개수가 여덟 개라면, 우리는 그 원소가 분명히 산소라고 자신 있게 말할 수 있다. 이처럼 어떤 원소를 결정짓는 핵심은 바로 양성자의 개수이다.

다시 말해, 어떤 물질의 양성자의 개수를 안다는 것은 그 물질이 무엇인지 이해하고 있다는 말과 동일하다. 그렇기에 우리는 학창 시절 화학 시간에 '주기율표'를 열심히 외우라고 강요받는 것이다. 수소는 양성자 하나, 헬륨은 양성자 둘, 리튬은 양성자 셋… 수소, 헬륨, 리튬, 베릴륨, 붕소, 탄소, 질소, 산소 등 끊임없이 이어지는 원소의 이름들을 외우는 순서는 원소의 양성자 개수를 오름차순으로 정렬한 것이다.

그렇다면 한 원소가 얼마나 많은 양성자를 가질 수 있을까? 1940년대에 과학자들은 양성자의 개수가 92개나 되는 우라늄을 발견했다. 흥미로운 일은 바로 이때부터 일어났다. 93번 원소인 '넵투늄Neptunium'을 시작으로 과학자들이 원소를 창조하기 시작한 것이다. 양성자의 개수가 원소의 고유한 특성을 결정하므로, 과학자들은 무거운 원소에 양성자를 추가해서 새로운 원소를 인위적으로 만들어내고 있다. 간단히 말하자면, 한 원소를 가속해 무거운 원소에 충돌시켜 더 많은 양성자를 가진 새로운 원소를 만드는 것이 가능하다. [그림 12]의 주기율표를 보면 95번 원소부터 이름이 조금 독특한 것을 눈치챌 수 있는데, 주기율표의 95번은 '아메리슘Americium', 96번은 '퀴륨Curium', 97번은 '버클륨Berkelium', 98번은 '캘리포늄Californium'이며 심지어 99번은 '아인슈타이늄Einsteinium'으로, 여러분이 알고 있는 바로 그 아인슈타인의 이름을 붙였다. 물론 원소의 이름은 인위적으로 붙여지는 것이지만, 아메리카, 버클리, 캘리포니아를 연상시키는 원소 이름들, 즉 미국을 나타내는 원소들이 뒷번호로 갈수록 많아지는 이유는 무엇일까?

캘리포니아대학교 버클리 캠퍼스의 교수이자 원자폭탄을 만드는 맨해튼 계획에도 참여한 글렌 시보그Glenn T. Seaborg, 1912-1999라는 과학자가 바로 이 작업을 수행했던 대표적 인물이기 때문이다. 새로운 원소를 발견한 사람은 해당 원소에 이름을 붙이는 명예가 주어지므로, '버클륨', '캘리포늄'과 같은 원소의 이름이 그의 손에서 탄생할 수 있었다. 그리고 마침내 106번 원소에 '시보굼Seaborgium'이라는 이름을 붙임으로써 자신의 이름을 영원불멸로 만들었다. 그러나 영원불멸이라는 수식어를 붙이는 건 어울리지 않을지도 모르겠다. 시보굼과 같은 합성된 중원소는 너무나 불안정하여 매우 빠르게 붕괴해버리므로 실험실에서나 잠시 모습을 드러내기 때문이다. 하지만 더 무거운 원소들을 합성하다보면 오래 지속되는 원소, 소위 '안정성의 섬'에 도착한 원소가 만들어질지도 모른다고 과학자들은 추측하고 있다. 그렇기에 더 무거운 원소를 만들기 위한 노력은 지금도 계속되고 있다.

물론 시보그의 연구소만 이러한 작업을 했던 것은 아니다. 사실 많은 원소들이 공동 발견의 산물이다. 새로운 중원소를 합성한 연구소는 미국만 다섯 군데가 넘는데, 그중 한 곳은 리버모어에 있다. 그래서 116번 원소의 이름은 '리버모륨Livermorium'이다. 독일의 다름슈타트에 위치한 GSI 헬름홀츠 연구소에서도 몇 개의 중원소를 합성하는 데 성공했으며, 그 덕분에 110번 원소의 이름은 '다름슈타튬Darmstadtium'이다. 러시아의 두브나 원자력공동연구소 또한 많은 원소를 합성했는데, 105번 원소에 '두브늄Dubnium'이라는 이름을 붙였다. 일본 도쿄에 위치한 RIKEN의 니시나 가속기 과학연구센터도 중원소를 만드는 연구소 중 하나이다. 이 연구소는 113번 원소에 '니호늄Nihonium'을 붙였다. 한국도 무거운 입자를 가속하는 중이온충돌기Heavy Ion Collider인 라온RAON을 건설하고 있는데, 여기서 발견되는 새로운 중입자를 '코리아늄'이라고 명명하겠다고 말한 바 있다. 하지만 라온의 완공 일정은 계속 지연되고 있다. 중원소의 발견이 시간 싸움이기도 하다는 점을 생각하면, 이는 아쉬운 일이다.

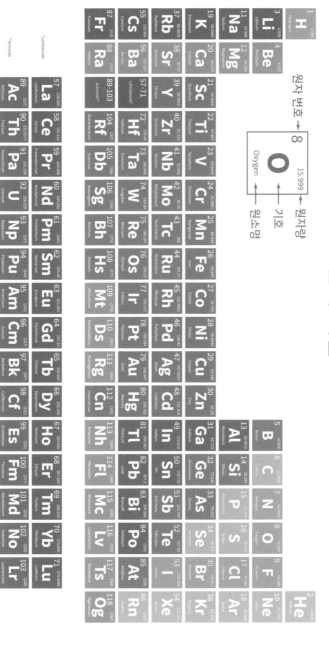

# 표준 주기율표

원자 번호 → 8
15.999 ← 원자량
O ← 기호
Oxygen ← 원소명

| 1 H | | | | | | | | | | | | | | | | | 2 He |
|---|---|---|---|---|---|---|---|---|---|---|---|---|---|---|---|---|---|
| 1.008 Hydrogen | | | | | | | | | | | | | | | | | 4.0026 Helium |
| 3 Li | 4 Be | | | | | | | | | | | 5 B | 6 C | 7 N | 8 O | 9 F | 10 Ne |
| 6.938 Lithium | 9.012 Beryllium | | | | | | | | | | | 10.806 Boron | 12.0096 Carbon | 14.006 Nitrogen | 15.999 Oxygen | 18.998 Fluorine | 20.1797 Neon |
| 11 Na | 12 Mg | | | | | | | | | | | 13 Al | 14 Si | 15 P | 16 S | 17 Cl | 18 Ar |
| 22.989 Sodium | 24.304 Magnesium | | | | | | | | | | | 26.9815 Aluminium | 28.084 Silicon | 30.973 Phosphorus | 32.059 Sulfur | 35.446 Chlorine | 39.948 Argon |
| 19 K | 20 Ca | 21 Sc | 22 Ti | 23 V | 24 Cr | 25 Mn | 26 Fe | 27 Co | 28 Ni | 29 Cu | 30 Zn | 31 Ga | 32 Ge | 33 As | 34 Se | 35 Br | 36 Kr |
| 39.0983 Potassium | 40.078 Calcium | 44.955 Scandium | 47.867 Titanium | 50.9415 Vanadium | 51.9961 Chromium | 54.938 Manganese | 55.845 Iron | 58.933 Cobalt | 58.6934 Nickel | 63.546 Copper | 65.38 Zinc | 69.723 Gallium | 72.630 Germanium | 74.921 Arsenic | 78.971 Selenium | 79.904 Bromine | 83.798 Krypton |
| 37 Rb | 38 Sr | 39 Y | 40 Zr | 41 Nb | 42 Mo | 43 Tc | 44 Ru | 45 Rh | 46 Pd | 47 Ag | 48 Cd | 49 In | 50 Sn | 51 Sb | 52 Te | 53 I | 54 Xe |
| 85.4678 Rubidium | 87.62 Strontium | 88.905 Yttrium | 91.224 Zirconium | 92.906 Niobium | 95.95 Molybdenum | (98) Technetium | 101.07 Ruthenium | 102.9055 Rhodium | 106.42 Palladium | 107.8682 Silver | 112.414 Cadmium | 114.818 Indium | 118.710 Tin | 121.760 Antimony | 127.60 Tellurium | 126.904 Iodine | 131.293 Xenon |
| 55 Cs | 56 Ba | 57-71 Lanthanoids* | 72 Hf | 73 Ta | 74 W | 75 Re | 76 Os | 77 Ir | 78 Pt | 79 Au | 80 Hg | 81 Tl | 82 Pb | 83 Bi | 84 Po | 85 At | 86 Rn |
| 132.905 Caesium | 137.327 Barium | | 178.49 Hafnium | 180.947 Tantalum | 183.84 Tungsten | 186.207 Rhenium | 190.23 Osmium | 192.217 Iridium | 195.084 Platinum | 196.966 Gold | 200.592 Mercury | 204.38 Thallium | 207.2 Lead | 208.980 Bismuth | (209) Polonium | (210) Astatine | (222) Radon |
| 87 Fr | 88 Ra | 89-103 Actinoids** | 104 Rf | 105 Db | 106 Sg | 107 Bh | 108 Hs | 109 Mt | 110 Ds | 111 Rg | 112 Cn | 113 Nh | 114 Fl | 115 Mc | 116 Lv | 117 Ts | 118 Og |
| (223) Francium | (226) Radium | | (267) Rutherfordium | (268) Dubnium | (269) Seaborgium | (270) Bohrium | (277) Hassium | (278) Meitnerium | (281) Darmstadtium | (282) Roentgenium | (285) Copernicium | (286) Nihonium | (289) Flerovium | (290) Moscovium | (293) Livermorium | (294) Tennessine | (294) Oganesson |

*Lanthanoids

| 57 La | 58 Ce | 59 Pr | 60 Nd | 61 Pm | 62 Sm | 63 Eu | 64 Gd | 65 Tb | 66 Dy | 67 Ho | 68 Er | 69 Tm | 70 Yb | 71 Lu |
|---|---|---|---|---|---|---|---|---|---|---|---|---|---|---|
| 138.905 Lanthanum | 140.116 Cerium | 140.907 Praseodymium | 144.242 Neodymium | (145) Promethium | 150.36 Samarium | 151.964 Europium | 157.25 Gadolinium | 158.925 Terbium | 162.500 Dysprosium | 164.930 Holmium | 167.259 Erbium | 168.934 Thulium | 173.045 Ytterbium | 174.966 Lutetium |

**Actinoids

| 89 Ac | 90 Th | 91 Pa | 92 U | 93 Np | 94 Pu | 95 Am | 96 Cm | 97 Bk | 98 Cf | 99 Es | 100 Fm | 101 Md | 102 No | 103 Lr |
|---|---|---|---|---|---|---|---|---|---|---|---|---|---|---|
| (227) Actinium | 232.0377 Thorium | 231.035 Protactinium | 238.029 Uranium | (237) Neptunium | (244) Plutonium | (243) Americium | (247) Curium | (247) Berkelium | (251) Californium | (252) Einsteinium | (257) Fermium | (258) Mendelevium | (259) Nobelium | (266) Lawrencium |

[그림 12] 원소를 나열한 주기율표. 원소의 화학적 성질은 양성자의 개수에 의해 결정되며, 양성자의 개수가 곧 원자번호이다. 원자번호는 양성자의 중성자를 합친 개수이지만, 중성자가 하나 있는 수소의 경우 양성자가 두 개 있는 수소 등 같은 원소라도 중성자의 개수는 다를 수 있다. 따라서 원자량은 이들이 자연계에 존재하는 비율을 고려하여 결정된다.

이제 정반대의 작업도 이야기해 보자. 과학자들은 더 무거운 원소를 만들기 위해 입자를 가속하기도 하지만, 더 작게 쪼개기 위해 입자를 가속해 충돌시키기도 한다. 그리고 이 작업을 통해 양성자와 중성자보다 더 작은 기본 입자인 '쿼크quark'의 존재가 밝혀졌다. 이제 우리는 양성자와 중성자가 '업 쿼크up quark(u)'와 '다운 쿼크down quark(d)'라는 기본단위로 이루어져 있으며, 세 개의 쿼크가 합쳐져 양성자, 또는 중성자가 만들어진다는 것을 알고 있다.

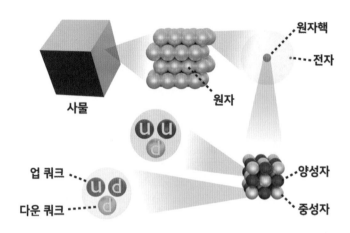

[그림 13] 사물은 원자로 이루어져 있고, 원자는 원자핵과 전자로 이루어져 있다. 다시 원자핵은 양성자와 중성자로 구성되며, 이 입자는 업 쿼크u와 다운 쿼크d라는 두 종류의 쿼크가 결합한 형태이다.

현재까지 밝혀진 바에 따르면, 양성자는 두 개의 u와 하나의 d로 구성되고, 중성자는 하나의 u와 두 개의 d로 구성된다. 그렇다면 쿼크의 전하는 어떻게 되는 것일까? 전하란 입자가 가지고 있는 전기의 양으로, '양성자'는 그 이름에서도 알 수 있듯이 전기적으로 양성(+)이며, 그 크기는 전자가 가진 전하의 절댓값과 동일하다. 우리는 이 전하를 편의상 +1이라고 할 수 있다. 중성자도 마찬가지다. 중성자는 전기적으로 '중성', 즉 전하가 0이기에 '중성자'라는 이름이 붙었다.

이제 초등 산수를 복습할 때가 왔다. 양성자는 두 개의 u와 하나의 d로 이루어져 있고, 전하는 +1이다. 중성자는 하나의 u와 두 개의 d로 이루어져 있고 전하는 0이다. 따라서 아래의 아주 간단한 연립일차방정식이 만들어진다.

$$\begin{cases} 2u + d = 1 \\ u + 2d = 0 \end{cases}$$

이 연립방정식을 풀면 업 쿼크의 전하는 $+\frac{2}{3}$이고, 다운 쿼크의 전하는 $-\frac{1}{3}$이 나온다. 전자나 양성자를 기준으로 봤을 때, 쿼크는 분수 전하를 가져야 하는 것이다. 분수 전하라니, 이것은 쿼크의 개념을 받아들이기 어렵게 만든 요인 중 하나였다. 전하가 어찌 되었든 쿼크는 실재하는 것이 확인되었으며, 쿼크가 모여 양성자와 중성자가 형성되고, 다시 양성자와 중성자가 모여 수소, 헬륨, 산소와 같은 원소가 만들어짐은 꽤 명백하다. 이를 플라톤의 도식과 비교해 보면 아래와 같다.

*업 쿼크/다운 쿼크 → 양성자/중성자 → 원소 (수소, 헬륨, ...)*
*직각삼각형/직각 이등변 삼각형 → 정삼각형/정사각형 → 정다면체 (물, 불, 흙, 공기)*

이처럼 현대 입자물리학의 근본적인 아이디어는 플라톤의 그것과 크게 다르지 않다. 하지만 확실히 해야 할 점은, 플라톤이 쿼크와 양성자, 중성자 개념을 알고 이런 도식을 세웠을 리가 없다는 것이다. 반면 쿼크의 발견은 단순한 가정과 우연이 아니었고 현대 과학의 놀라운 성과였으니, 고대와 현대 과학의 결정적인 차이는 바로 현대의 과학자들이 가설에만 머무르지 않고 가설을 검증하는 수단을 찾아내기 위해 최선을 다한다는 점이다.

## 기본입자를 찾아서

쿼크와 같은 기본 입자를 찾기 위한 노력은 1954년 만들어진 CERN[23]이라는 국제단체의 출범으로 결실을 맺었다. CERN은 수십 국가가 협력해 입자 물리 연

---

23. Conseil Européen pour la Recherche Nucléaire.

구를 진행하는 초대규모 연구기관으로, 세계에 존재하는 더 작은 입자를 찾기 위한 가속과 충돌 연구 방면에서 최고의 수준을 자랑한다. 특히 CERN은 2008년 프랑스와 스위스의 국경 아래를 관통하는 27km의 긴 원형 터널을 만들고, 여기에 LHCLarge Hadron Collider, 강입자 충돌기라는 이름을 붙였다. 과학자들은 이 터널을 이용해 양성자와 같은 작은 입자를 빛의 속도에 가깝게 가속한 후 충돌시키고, 충돌 궤적을 분석하여 새로운 입자를 찾아낸다.

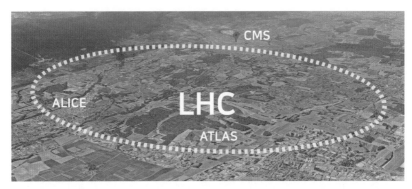

[그림 14] CERN이 만든 강입자 충돌기LHC는 국가 간 초협력의 산물이다. 지도를 통해 충돌기의 규모를 짐작해 볼 수 있다. LHC는 ALICE, ATLAS, CMS라는 이름을 가진 몇 개의 검출 지점을 가진다.

[그림 15] ATLAS 지점 근처의 터널 안에 있는 입자 가속기. ⓒCERN

2012년 세계를 떠들썩하게 했던 '힉스 입자'의 발견도 바로 이곳에서 이루어졌다. 과학자 피터 힉스Peter Higgs, 1929-는 1964년에 입자에 '질량'을 부여하는 '힉스 메커니즘'을 창안했지만, 당시에는 그의 이론을 검증할 수 있는 실험적인 장치가 마련되어 있지 않은 상황이었다. LHC는 바로 이런 이론들을 검증하기 위해 건설되었다. 과학자들의 초국적 협력 덕분에 2013년 힉스 입자의 존재가 LHC에서 공식적으로 확인되었고, 피터 힉스는 '힉스 메커니즘'을 규명한 공로로 그해 노벨물리학상을 받았다. 힉스 메커니즘을 창안한 지 50년 만의 일이었다.

> *CMS와 ATLAS는 이 입자의 스핀 패리티에 대한 여러 옵션을 비교했으며, 이들은 모두 스핀을 선호하지 않으며 짝수 패리티(표준모형과 일치하는 힉스 보손의 두 가지 기본 기준)를 선호합니다. 이것은 새로운 입자와 다른 입자의 측정된 상호작용과 결합하여 그것이 힉스 보손이라는 것을 강하게 나타냅니다.[24]*
>
> *2013. 3. 14. CERN*

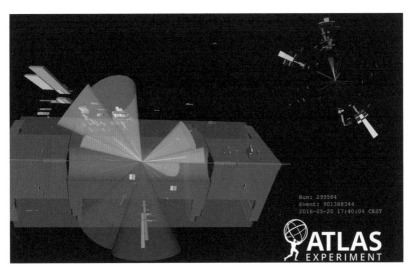

[그림 16] LHC는 충돌한 입자의 궤적을 분석해서 새로운 입자가 존재하는지 밝혀낸다. 그림은 힉스 보손이 두 개의 타우 입자로 붕괴하는 모습을 그래픽으로 나타낸 것이다. ⓒCERN

24. CERN, "New results indicate that new particle is a Higgs boson", 14 March, 2013, https://home.cern/news/news/physics/new-results-indicate-new-particle-higgs-boson

이렇게 입자를 가속하여 쪼개는 과정을 통해 만들어낸 입자물리학의 표준 모형은 20세기와 21세기 물리학의 가장 큰 승리로 평가된다. 이제 과학자들은 세상이 물, 불, 흙, 공기와 같은 정다면체가 아니라, 페르미온<sub>Fermion</sub>이라 불리는 입자와 보손<sub>Boson</sub>이라 이름 붙은 입자 그룹들로 구성된다고 말한다. [그림 17] 이 바로 입자물리학의 표준모형으로, 원의 위쪽 바깥 부분에는 up, charm, top, down, strange, bottom[25]이라 쓰인 6종의 쿼크가 있다. 그리고 바깥 원 아래엔 tau<sub>타우</sub>, muon<sub>뮤온</sub>, electron<sub>전자</sub>과 이들 각각에 상응하는 neutrino<sub>뉴트리노, 중성미자</sub>가 있다. 원의 바깥에 있는 이 입자들이 페르미온이다.

보손은 힘을 매개하는 입자들로, 5가지가 존재한다고 여겨진다. 광자<sub>photon</sub>는 전자기력[26]을, 글루온<sub>gluon</sub>은 강한 핵력[27]을, W와 Z 보손은 약한 핵력[28]을 매개한다. 그리고 힉스 보손<sub>Higgs boson</sub>은 입자에 질량을 부여하는 것과 관련이 있다. 다만 중력을 매개한다고 여겨지는 입자인 중력자<sub>Graviton</sub>는 보이지 않는데, 중력을 표준 모델에 통합하려는 시도는 아직 성공하지 못했다.

---

25. 국내 명명법은 각각 '위', '맵시', '꼭대기', '아래', '기묘', '바닥'이다.
26. 전자기력은 전기력과 자기력을 함께 지칭하는 말이다. 이 두 힘은 모두 광자, 즉 빛에 의해 매개된다.
27. 원자핵을 결합하도록 돕는 아주 가까울 때 작용하는 힘이다. 양성자끼리는 마치 두 자석의 N극이 서로를 밀어내는 것과 같은 힘이 작용한다. 하지만 두 입자가 아주 가까워지면, 이러한 힘을 뛰어넘어 양성자를 한데 묶어주는 새로운 힘이 작용하는데, 이것이 바로 강한 핵력이다.
28. 약한 핵력은 주로 방사성 붕괴에 관여한다.

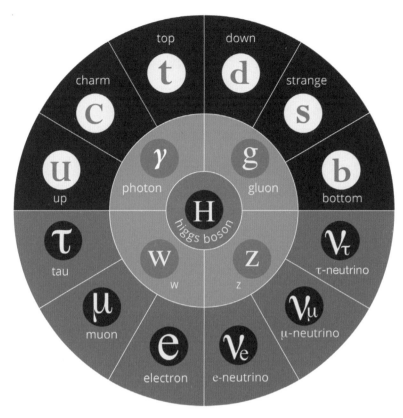

[그림 17] 입자물리학의 표준모형. 이론물리학자들이 입자들을 예견하고 실험으로 검증한 덕분에 우리는 세계를 이루는 입자들이 무엇인지 알고 있다. 바깥쪽 원에 있는 입자들은 페르미온, 안쪽의 원은 보손이다. ⓒCERN

　　비록 중력을 완전히 통합하지는 못했다 해도, 표준모형은 플라톤의 4원소에 비하면 훨씬 진일보한, 실험을 통해 검증된 성공적인 모델이다. 하지만 세계를 구성하는 기본입자의 탐색 과정이 늘 순조롭고 유쾌한 것은 아니었다. 1987년 미국은 SSC<sub>Superconducting Super Collider, 초전도 초대형 충돌기</sub>를 텍사스에 건설하는 계획을 승인했다. SSC는 LHC의 세 배가 넘는 87km의 둘레를 가진 대담한 가속기였지만, 1993년에 프로젝트가 취소되어 결국 완공되지 못했다. SSC 프로젝트가 취소된데에는 많은 이유가 있었으나, 반대자들의 주된 주장은 결국 예산 문제였다. 기본 입자를 찾는 것이 인류에게 과연 중요한 일인가? 모든 과학자가 기본 입자를 연구하는 사람들은 아니므로, 이런 질문은 과학자들조차 의견이 갈릴 수밖에 없다. 어떤 과학자는 천문학에 예산을 더 투입하길 원하고, 또 다른 과학자는 생명공학에 더 많은 돈을 투자해야 한다고 말할 것이다. 혹은 우리의 자원은 한정되어 있으니, 초대형 입자 가속기와 같이 삶에 당장 도움이 되지 않아 보이는 것에 투자하기보다, 실생활에 더 유용한 응용과학 부문에 정부의 지출을 늘려야 한다는 주장도 있을 것이다. 이처럼 과학의 발전은 필연적으로 정치적인 결정, 즉 예산 심의에 큰 영향을 받을 수밖에 없다. 그러나 예산을 둘러싼 논쟁에서 입자물리학과 같은 기초 과학이 언제나 뒷전으로 밀리게 된다면, 우리는 한 발짝 나아가긴커녕, 인류의 과학은 플라톤과 같은 인식 수준으로 떨어질지도 모르겠다. 다행히 LHC가 보여주고 있는 놀라운 성과들 덕분에, 기초 과학의 투자가 세계를 이해하는 우리의 지평을 더욱 확장해준다는 것이 증명되고 있다.

우리나라는 입자물리학에 얼마나 많은 관심을 기울이고 있을까? 2017년 3월 한국에 한 사람이 방문한 적이 있다. 그 사람의 이름은 에크하르트 엘센Eckhard Elsen으로 CERN 위원회의 한 사람이었고, 비공식 채널을 통해 한국에 CERN의 준회원Associate Member이 되어달라고 요청한 바 있다고 알려졌다. 준회원이 되려면 연간 약 80억 원을 CERN에 투자해야 한다. 2021년에 라트비아가 참여하면서, CERN의 공식 회원국은 이 책을 쓰는 날짜를 기준으로 34개국[29]이 되었지만, 한국은 CERN과 협력 관계를 유지하고 있을 뿐, 아직 공식 회원국이 아니다. CERN의 회원국이 아니라면, 국내에 보유하고 있는 강입자 가속기의 능력은 어떨까? 여기에 앞으로 정말 많은 관심이 필요하다는 정도로 이야기를 마무리하는 편이 좋겠다.


## Three Quarks for Muster Mark

우울한 이야기는 접어두고, 쿼크가 기본입자로 확립되기까지의 흥미로운 여정을 좀 더 살펴보기로 하자. 입자 가속기에서 쿼크가 발견되기 이전에, 천재 물리학자 머리 겔만Murray Gell-Mann, 1929-2019은 두 페이지의 논문인 『중입자와 중간자에 관한 개략적 모델』에서 이미 쿼크의 특성을 구체적으로 서술했다. 그는 쿼크라는 (당시에는) 가상적인 기본 입자를 제안했는데, 이는 수학적 대칭성과 아름다

---

29. Pre-stage 단계 국가 포함.

움을 고려한 결과였을 뿐이라 말하며, 실제로 이런 입자가 존재하는지에 관해서는 극히 조심스러운 입장을 취했다.

> 쿼크가 순수한 수학적 자격이 아닌 유한한 질량을 가진 물리적 입자라면 어떻게 행동할지에 관해 추측하는 것은 흥미롭다.[30]
>
> 『중입자와 중간자에 관한 개략적 모델, 머리 겔만』

겔만은 평소에도 세계에는 수학적으로 아름다운 대칭성이 존재해야 한다고 생각했으며, 쿼크의 존재 가능성을 증명할 수 있는 실험적 배경이 거의 없는 상태에서 논문을 냈다. 겔만의 자서전을 쓴 조지 조슨은 겔만이 쿼크를 물체라기보단 자연의 패턴이자 대칭성으로 바라보았다고 말했다.

앞서 말했듯 현대 입자물리학은 up, charm, top, down, strange, bottom이라 불리는 열두 종류의 쿼크<sub>쿼크 각각은 반입자 쌍을 가지므로 6+6=12</sub>가 존재한다고 여긴다. 기본 입자에 쿼크라는 특이한 이름을 붙인 사람도 바로 겔만인데, 이 단어의 기원을 거슬러 올라가면 희한하게도 아일랜드의 전설적 소설가인 제임스 조이스가 나타난다. 겔만이 제임스 조이스의 소설 『피네간의 경야』에 있는 "Three quarks for Muster mark!" 문장에서 쿼크<sub>Quark</sub>라는 단어를 가져왔기 때문이다. 소설에 있는 단어를 물리학에 가져오는 행위는 물리학자에게 그다지 적절하지 않아 보이지만, 쿼크는 세 개의 짝[31]으로 이루어져 양성자와 중성자 같은 입자들을 만들어내므로, 중입자의 거동을 설명하기에 이보다 더 적절한 문장은 없을 것이다.[32]

이런 쿼크들과 쿼크의 매개입자인 글루온의 상호작용을 연구하는 학문을 양자색역학<sub>QCD, Quantum ChromoDynamics</sub>이라 한다. 다시 말하지만, 겔만은 쿼크가 발견되기 이전에 이미 쿼크의 특성을 기술했다. 이것은 분명 놀라운 일이다. 그리고 겔만이 이런 예측을 할 수 있도록 도운 가장 강력한 도구는 바로 '수학적 아름다움'

---

30. M. Gell-Mann, "A Schematic Model of Baryons and Mesons", Physics Letters Volume 8, number 3, (1964)

31. 세 개의 쿼크로 이루어진 입자를 중입자<sub>바리온, Baryon</sub>라고 부른다. 하나의 쿼크와 반쿼크<sub>anti-quark</sub>로 이루어지는 물질도 존재하는데, 이는 중간자<sub>메손, Meson</sub>라 한다. 반쿼크는 원래의 쿼크와 대비해 일부 특성에서 정반대의 성질을 가진다. 그리고 중입자와 중간자를 합쳐 강입자<sub>하드론, hadron</sub>라 부른다. 새로운 명칭이 많지만, 그저 용어일 뿐이고 어려울 것은 없다.

32. 겔만은 최초에 up, down, strange 쿼크의 세 종류만을 고려했는데, 여기서도 "Three quarks for Muster mark!"는 여전히 유효하다.

이었다. 그런데 수학적 아름다움과 자연이 대체 무슨 관계란 말인가? 재밌는 점은 또 다른 천재 물리학자 아인슈타인에게서도 이와 유사한 생각이 발견된다는 것이다. 그는 자연이란 상상할 수 있는 가장 단순한 수학적 관념들의 현현이며, 순수한 수학적 구성을 통해 개념들을 관련짓는 법칙을 발견해낼 수 있다고 말했다.

아마도 하이젠베르크, 아인슈타인, 겔만과 같은 현대 물리학자들의 말을 플라톤이 들었다면, 플라톤은 고개를 끄덕이며 상당 부분 이들의 말에 동의할 것이다. 즉, 우리가 위대하다고 여기는 과학자들의 말들은 매우 '플라톤적'인 향기를 풍긴다. 그렇다면 현대 과학은 어떠한 측면에서 '플라톤적'인가? 이 질문에 답하려면 우리는 어쩔 수 없이 플라톤이 주장하는 사상의 핵심으로 들어갈 수밖에 없어 보인다. 그것은 바로 '이데아 이론'이다.

# 과학의 이데아

플라톤을 이야기할 때 빠지지 않는 주제는 바로 '이데아 이론'이다. 이 이론은 인류 지성의 최고봉이라 칭송받는 물리학자들에게도 많은 영감을 불어넣었고, 그 영향은 긍정적이기도, 때론 부정적이기도 했다.

이 책에서 플라톤의 이데아 이론 전체를 다루는 것은 그 내용이 너무 방대하므로 적합하지 않은 것 같다. 따라서 이 장에서는 플라톤이 말한 이데아 개념이 수학의 근본적 특성과 맞닿아있음을 보여주는 것에 집중해보고자 한다.

## 완벽한 원을 그릴 수 있을까?

곧 매우 비중 있게 다루게 될,『아테네 학당』의 한 인물을 여기서 미리 살펴보도록 하자. [그림 18]에서 고개를 숙이고 있는 인물은 '기하학의 아버지'로 불리는 유클리드로, '원'을 그릴 수 있는 도구인 컴퍼스를 쥐고 있는 모습이다. 그러나 제아무리 기하학의 아버지가 집중력을 발휘하여 컴퍼스를 꽉 붙잡고 원을 그린다 해도, 그것이 '완벽한 원'이라고 하기에는 어딘가 모자란 측면이 있다. 현실 세계에서 '완벽한 원'을 그리고자 할 때는 모든 것이 문제가 된다. 미세한 손

[그림 18] 컴퍼스를 든 유클리드

떨림, 선이 그려질 때 연필심이 마모되어 원주의 두께가 달라지는 문제 등은 현실에 그려진 원이 불완전하다고 느끼는 중대한 지점이지만, 사실 이런 사항들은 아주 사소한 문제에 불과하다. 중대한 일차적 문제는 바로 원의 '정의'에 있다.

> [정의 15] 원이란 도형 내부에 존재하는 한 점으로부터 거리가 같
> 은 하나의 선을 포함하는 평면 도형이다. 원은 한 선으로 이루어
> 진 평면 도형으로, 도형 안에 있는 한 점에서 원 위에 이르는 모든
> 직선들의 길이가 서로 동일하다.[33]
>
> 『원론, 유클리드』

유클리드의 정의는 조금 복잡해 보이지만, 컴퍼스로 원을 그려보았다면 아마도 이를 이해하는 데 큰 무리가 없을 것이다. 컴퍼스의 핀을 종이 위에 단단히 고정해 원의 중심이라는 한 '점'을 만들고, 컴퍼스의 다른 한쪽에 있는 연필로 무수히 많은 '점'을 찍으면, 그것이 바로 원이다. 핀으로 고정한 한 점<sub>원의 중심</sub>에서부터 연필로 그려진 모든 점들 간 거리는 같다. 그러니 유클리드의 정의는 꽤 괜찮아 보인다.

그러나 '완벽한 원'을 이야기하려면, 원의 정의에 쓰인 '점'과 '선'이라는 단어의 의미를 명확하게 짚고 넘어가야 한다. '점'은 무엇인가? 이런 질문에 혹자는 코웃음 치며 종이 위에 연필을 콕 찍은 후, 이것이 '점'이라고 주장할 수도 있다. 또는 여기 찍힌 · 을 가리키며 이게 바로 '점'이라고 말할 수도 있다. 그렇지만 이런 편리한 주장은 쉽게 논박당할 수 있다. 만약 이 책에 인쇄된 점을 확대하면 수많은 잉크 분자들의 덩어리가 보일 것이고, 그 잉크 분자들은 탄소와 수소, 산소 등의 원소들로 이루어져 있다. 그러니 우리가 이 원소 덩어리들을 단순히 '한 점'이라고 말하기에는 상당히 민망할 것이다.

---

33. Euclid, Elements, trans. Richard Fitzpatrick, (2007), Book I, Definition 15, p.6

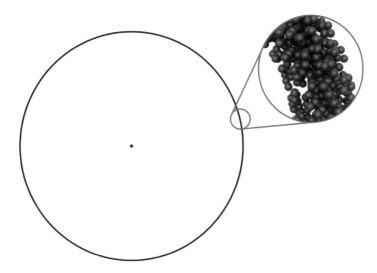

[그림 19] 종이에 그려진 점은 수많은 분자들로 이루어져 있으므로, '한 점'이라고 할 수 없으며, 선이라고 하기에도 너무 울퉁불퉁하다.

잉크 분자는 [그림 19]에서 보이는 바와 같이, 점이라고 말하기 충분하지 않다. 그렇다면, 분자보다 더 작은 크기의 입자 하나를 이용해 공간상에 '기준점'을 만들어낸다면 어떨까? 예를 들어 물질의 기본 단위 중 하나인 '전자' 한 개를 집어서 원하는 위치에 놓고, 이 전자를 가리켜 '점'이라고 주장하면 꽤 설득력이 있지 않을까? 그러나 불행하게도 전자의 크기를 측정하는 것은 현대 물리학이 해결해야 하는 과제 중 하나이니, '점'의 기준 자체가 모호하게 되는 문제가 생겨버리고 만다.

이때 한 사람이 "그렇다면 점이란 '플랑크 길이'를 말하는 것이다!"라고 꽤 어려운 용어를 사용하며 나설지도 모른다. 여기서 '플랑크 길이'는 막스 플랑크라는 물리학자와 연관이 매우 깊은 값인데, 대략적으로 말하자면 우리가 다룰 수 있는 물리적 한계의 최솟값을 의미한다. 즉, '플랑크 길이' 이하로는 더 이상 물리학적 논의가 불가능하다. 하지만 플랑크 길이가 아무리 짧다 해도, 이름 그대로 '길이'가 존재하니 '점'이라기보단 '선'이라고 말해야 할 것이다.

그런데 '선'이라는 개념도 조금 이상한 구석이 있다. 사실 어떤 대상이 '선'이라고 불리기 위해서는 '폭'이 없어야 한다. 만약 '폭'이 존재한다면, 그것은 '넓이'를 가지는 2차원 대상이 되기 때문이다. 그래서 유클리드는 선을 '폭이 없는 길이'라고 정의했다. 하지만 이 정의는 우리의 의혹을 더욱 증폭할 뿐이다. 우리가 인지하는 공간은 3차원이므로 실재하는 어떤 대상이든 가로, 세로, 높이를 가져야 하지 않을까? '점'과 '선'이란 애초에 실제 세계에 존재하는 것이 아니며, 그저 가상의 '수학적 구조물'에 불과하다고 주장하는 것이 더 정답에 가까울지도 모른다.

**1차원**  **2차원**  **3차원**

[그림 20] 실재하는 모든 대상은 반드시 3차원의 구조를 가져야 할까?

이쯤 되니 소크라테스Socrates, BCE. 470-BCE. 399가 왜 사람들에게 미움을 받았는지 알 것 같다. 소크라테스는 끊임없이 질문을 던져 사람들이 문제의 근본으로 다가가도록 도움을 주는 것으로 유명했지만, 청년들의 정신을 어지럽게 한다는 죄목으로 사형을 선고받았다. 그는 묻지 않는 삶은 가치가 없다고 생각했다.

위의 예처럼 꽤 구체적이며 실재한다고 생각하는 '점'을 '현실 세계'에 완벽하게 구현하거나, 현실에 존재하는 무언가와 동등하게 대응시키는 작업은 사실상 불가능하다. 그럼에도 불구하고 위대한 고대의 수학자 유클리드는 그의 책에서 '점'을 다음과 같이 매우 과감하게 정의했다.

[정의 1] 점이란 부분이 없는 것이다.[34]

『원론, 유클리드』

방금 전 '점'의 정의에 관한 지리멸렬함을 겪은 우리는, 유클리드가 정의한 '점'이 매우 불확실하고 불완전한 언어로 서술되었음을 알아챌 수 있다. 그런데 그림을 그리는 화가들조차 큰 의심 없이 이 모호한 정의를 받아들였던 것 같다. 르네상스 화가 레온 바티스타 알베르티Leon Battista Alberti, 1404-1472의『회화론On Painting』일부에서, 우리는 유클리드의 흔적을 찾아볼 수 있다. 알베르티가 '점'과 '기호'의 정의를 논하며, 화가란 '눈에 보이는 것만을 재현'하려는 사람이라고 쓴 대목은 특히 흥미롭다.

> 첫째 여러분이 알아야 할 것은, 점은 부분으로 나뉠 수 없는 기호라는 점입니다. 기호란 평면에 존재해서 우리 눈에 보이게 하는 어떤 것이라고 볼 수 있습니다. 화가들은 눈에 보이는 것에만 관심이 있다는 사실을 부인할 사람은 아무도 없습니다. 왜냐하면, 화가들은 눈에 보이는 것만을 재현하려고 하니까요.[35]

『회화론, 알베르티』

다시 강조하지만 '부분이 없는' 유클리드의 '점'은 수학적 이상 세계에나 성립할 수 있을 뿐, 일상적으로 '감각'되는 세계에서 우리는 절대로 유클리드의 '점'을 찾아낼 수 없다. 이상을 현실 세계로 불러낼 수 없다는 것. 이것이 현실 세계에 '완벽한 원'을 재현하기 위해 극복되어야만 하는, 그러나 극복될 수 없는 중대한 문제일 것이다. 그럼에도 우리는 유클리드가 말한 '점'이 무엇인지, 그리고 '완벽한 원'이 무엇을 의미하는지 인식하고 있다. 그렇기 때문에 어떤 대상이 현실에서 완벽하게 구현될 수 없거나 심지어 존재할 수 없다는 문제가 우리의 '이해'를 가로막는 걸림돌이 되지는 않는다. 이것은 분명 이상하고 기묘한 일이다.

---

34. Euclid, Elements, trans. Richard Fitzpatrick, (2007), Book I, Definition 1, p.6
35. 레온 바티스타 알베르티, 회화론, 김보경 역, (기파랑, 2011), I, 3, p.75

## 데미우르고스의 원

이처럼 불완전한 언어 체계로 원이 서술되었을지라도, 우리는 '완벽한 원'이 무엇인지에 관한 '지식'을 가지고 있는 것 같다. 어떤 대상에 관한 가장 완벽하고 아름다운 관념, 그것이 플라톤의 '이데아'이다. 그러나 현실에 존재하지 않는 이데아를 우리는 어떻게 '이해'할 수 있는 것일까?

플라톤이 상상한 전지전능한 신데미우르고스이 컴퍼스를 들고 원을 그린다면, 이것은 분명히 원의 이데아이자 '완벽한 원'이라 불릴 자격이 있을지도 모른다. 그러나 평범한 우리가 컴퍼스로 원을 100개 그리면, 100개의 원 모두 제각각 다른 불완전한 모양을 가진다. 따라서 현실의 원은 '완벽한 원' 개념의 일부만을 공유한다. 이것이 바로 '분유'의 개념이다. 플라톤에게 감각할 수 있는 세계는 '완벽한 원'이라는 보편적인 것의 불완전한 그림자에 불과하다.

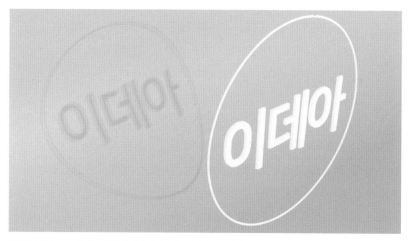

[그림 21] 신과 달리, 우리는 동굴 속에서 이데아의 불완전한 그림자만을 인식할 뿐이다. 동굴에서 오래 지낸 사람이 태양을 똑바로 쳐다볼 수 없듯, 훈련받지 않은 사람이라면 이데아의 광휘 때문에 바깥을 쳐다볼 수 없을 것이다.

도형을 다루는 기하학의 토대는 이데아에 전적으로 의존할 수밖에 없다. 완벽한 직선, 완벽한 각도를 가정하지 않으면 기하학은 무너져내리고 말 것이다. 진정한 직선이 세계에 존재하지 않는다고 인정해버리면, 정사각형과 같은 도형도 존재할 수 없는 노릇이기 때문이다. 따라서 기하학은 완벽한 이데아의 세계 안에서 작동한다. 그러니 플라톤이 세계의 근본을 규정하는 4원소를 기하학적인 정다면체에 대응시킨 것은 그의 '이데아' 이론에 비추어 보면 너무나도 당연한 귀결일 것이다.

> 따라서 우리는 아름다움에서 돋보이는 네 종류의 물체들을 조화롭게 짜맞추고, 그것들의 본성을 우리가 충분하게 파악했다고 단언할 수 있도록 열의를 다해야 할 것입니다.[36]
>
> 『티마이오스, 플라톤』

플라톤은 여기서 정다면체를 '아름다움'에서 돋보인다고 말한다. 이제 이데아의 핵심 요소, '아름다움'에 관해 이야기할 차례이다.


## 아름다움은 어떻게 인식되는가?

멀게는 고대 그리스의 조각부터 시작해서 가까운 현대미술까지, 우리는 미술관에서 수많은 예술 작품들을 만난다. 전시 관람 후에는 약간의 돈을 들여 엽서를 구매하고, 조금 더 여유가 있다면 냉장고에 붙일 마그넷도 결제한다. 물론 미술관에 갈 여유가 없어도 괜찮다. 우리는 이미 예술 작품의 홍수 속에서 심미안을 키우고 있기 때문이다. 인터넷에 '아테네 학당'을 검색하기만 해도 라파엘로의 작품을 다운받고 모니터의 바탕화면으로 지정할 수 있으니 말이다. 주방에 있는 매끈한 스테인리스 냄비, 기하학적 패턴이 그려진 접시도 우리의 미적 안목 향상에 기여한다. 게다가 우리 대다수는 현대 산업 디자인의 정수를 손에 움켜쥐고 배터리가 다 닳을 때까지 놓지 않는다. 이처럼 우리는 감각세계에서 맹렬한 경험적 수집을 통해 '아름다움'을 인식하고 확장해 나가는 것 같다.

그러나 이러한 말에 설득된다면, 플라톤은 여러분을 싫어할 것이 틀림없다. 경험을 통한 미의 인식과 확장은 오히려 아리스토텔레스가 환영할 만한 일인데, 아리스토텔레스와 플라톤이 예술에 관해 얼마나 극심한 견해 차이를 보였는지

36. 플라톤, 티마이오스, 김유석 역, (아카넷, 2019), 54b

는 뒤의 아리스토텔레스 장에서 다루기로 하고, 먼저 『국가』에 드러난 플라톤의 생각을 살펴보도록 하자.

> "자, 이걸 생각해 보게. 영상 제작자, 즉 모방자는 '실재'에 대해서
> 는 아무것도 모르고 그것의 '현상'에 대해서만 알고 있다고 우리
> 는 말하네. 안 그런가?"[37]
>
> (...)
>
> "회화와 일체 모방술은 진리에서 멀리 떨어져 있는 자신의 작품을
> 만들어 내며, 또한 우리 안에서 분별(지혜)과는 멀리 떨어진 상태
> 로 있는 부분과 사귀면서, 건전하지도 진실되지도 못한 것과 동료
> 가 되고 친구가 된다고 내가 말했었지."[38]
>
> 『국가, 플라톤』

『국가』에서 플라톤은 기본적으로 '모방'에 부정적인 견해를 드러낸다. 그는 [그림 22]에 그려진 말의 고삐에 관해서도 신랄하게 비판할 것이다. 플라톤에 따르면 화가는 고삐와 재갈이 어때야 하는지에 관한 지식을 갖고 있지 않으며, 그것은 대장장이와 가죽 재단사도 마찬가지이다. 다만 도구의 제작자는 그것에 관한 지식을 가지고 있는 사용자인 말을 타는 사람으로부터 피드백을 받으며 제품을 제작하므로, 제품의 '아름다움과 나쁨에 관한 옳은 믿음을 갖게' 된다.

그러나 화가는 '자기가 그리는 것에 대하여 그것이 아름답고 옳은지, 아니면 그렇지 못한지에 대한 지식을' 얻지 못한다. 또한 '모방하는 것들에 대한 훌륭함 및 나쁨과 관련하여 알게 되지도 못하며, 옳게 판단하지도 못할' 것이라 말한다.[39] 이처럼 플라톤은 화가와 같은 모방자들의 작품으로 '실재'를 인식하는 것을 부정적으로 보았으며, '감각'에 관해 그다지 긍정적인 자세를 취하지 않았다.

---

37. 플라톤, 플라톤의 국가(政體), 박종현 역, (서광사, 1997), X, 601b
38. 플라톤, 플라톤의 국가(政體), 박종현 역, (서광사, 1997), X, 603a
39. 플라톤, 플라톤의 국가(政體), 박종현 역, (서광사, 1997), X, 602a

[그림 22] Théodore Géricault, Le Derby de 1821 à Epsom, 1821, Oil on canvas, 36⁷/₃₂ × 48²⁷/₆₄″ (92 × 123㎝), Musée du Louvre, Paris. 플라톤이 가장 질색할 만한 그림 하나가 여기 있다. 네 마리의 말과 기수가 그려진 이 그림은 매우 역동적이지만 진리에서 매우 멀리 떨어져 있는데, 말은 앞발과 뒷발을 동시에 치켜드는 식으로 달리지 않기 때문이다. 하지만 오히려 사실과 다르기에 더 역동적으로 보이는 것 같기도 하다.

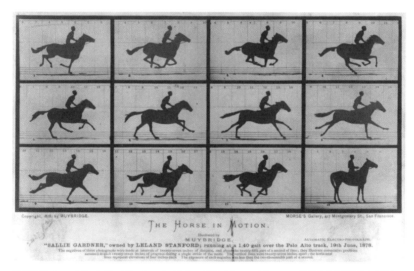

[그림 23] Eadweard Muybridge, The Horse in Motion, 1878, Library of Congress. 실제 말의 움직임을 스냅샷으로 촬영하면, 네 발을 모두 뻗은 채 공중에 떠 있는 순간은 존재하지 않는다.

이처럼 매우 까다로운 기준을 가진 플라톤을 만족시키고자 한다면, 우리는 감각을 초월하고 현실 세계 너머에 있는 '아름다움' 자체를 직관적으로 인식해야 하는 어려운 과제를 수행해야 한다. 그리고 과제의 성공 여부는 수학에 달려있다. 플라톤에게 아름답고 선한 것은 기하학이기 때문이다.

플라톤에 따르면 육체란 영혼을 가두는 어두운 동굴이었기 때문에 감각적인 시각은 변증법적인 예술, 다시 말해 철학에 대한 이해를 필요로 하는 지적인 시각에 의해 극복되어야만 했다. (...) 한편 엄밀한 의미에서 예술은 진정한 미의 모조품일 뿐이다. 그렇기 때문에 예술은 젊은이들에게 비교육적이다. 그러므로 그것을 학교에서 몰아내고 비례와 우주의 수학적 개념에 토대를 둔 **기하학적 형태의 미**로 대체해야 한다.[40]

『미의 역사, 움베르토 에코』

기하학의 아름다움을 중요하게 여기는 플라톤의 생각은 소리의 조화에는 비례가 중요하다는 것을 발견한 수학자 피타고라스와 멀리 떨어져 있지 않으며, 플라톤이 피타고라스의 영향을 받았을 것이라는 정황적 증거는 많다. 따라서 플라톤을 이야기할 때, 수학은 빠질 수 없다. 심지어 그는 『국가』에서 나라를 수호하는 사람들이 반드시 교육받아야 할 과목 중 하나로 수와 계산을 꼽았다. 그런데 막상 플라톤의 사상을 가르치는 교육의 현장에선 그가 얼마나 수학을 강조했는지 잘 말해주지 않는 것 같다. 물론 이런 이야기를 한다면, 수학을 어려워하는 학생들이 피타고라스만큼이나 플라톤을 향해서도 적개심을 드러낼지도 모르겠다.

"이를테면 이것, 즉 모든 기술과 모든 형태의 사고와 지식이 이용하는 공통의 것이며, 모두가 맨 먼저 배워야만 하는 것일세."
"어떤 것인가요?" 그가 물었네.
그래서 내가 말했네. "하나와 둘 그리고 셋을 구별하는 이런 것일세. 요컨대, 내가 말하는 건 수와 계산일세. 이것들의 경우에, 모든 기술과 지식이 이것들에 관여하지 않을 수 없게끔 되게 마련인 게 아닐까?"[41]

『국가, 플라톤』

---

40. 움베르토 에코, 미의 역사, 이현경 역, (열린책들, 2005), p. 50
41. 플라톤, 플라톤의 국가(政體), 박종현 역, (서광사, 1997), VII, 522c

플라톤은 기하학적 형태의 미, 수학적 이데아를 몹시 강조했지만 사실 여기에도 의혹은 남아있다. 예컨대, 완벽한 원도 여러 개가 존재할 수 있다는 생각이 든다. 반지름이 1cm인 완벽한 원, 반지름이 2cm인 완벽한 원 등, 사실상 완벽한 원의 이데아는 무한한 개수를 가지는 것이 아닐까? 만약 그렇다면, 결국 기하학조차도 단 하나의 완벽한 이데아를 상정하는 것이 불가능하게 된다. 여기서 이데아는 그 개념 자체가 내포해야만 하는 '순수성'과 '유일성'이란 특질을 완전히 상실하는 것처럼 보인다.

이데아 이론의 또 다른 문제는 바로 아름답지 못한 것들의 존재다. 원의 이데아 또는 아름다운 사물들의 이데아가 존재한다면, 반대 진영에 속해있는 극단적인 사물들, 예를 들어 똥, 먼지, 모기 등 아름다움과 거리가 먼 것들의 이데아가 존재하지 못할 이유는 없다. '완벽한 먼지'는 어떠한 모습과 특징을 가져야 하는가? 플라톤은 진작에 이러한 문제를 인식하였고, 그의 저서인 『파르메니데스』를 통해 추한 것들의 이데아가 존재하는가에 관한 자신의 견해를 밝힌다.

> **파르메니데스**: 그리고 당신은 또한 정의와 아름다움, 그리고 선과 같은 모든 부류에 관한 절대적인 이데아들을 상정할 겁니까?
>
> **소크라테스**: 그래야 합니다.
>
> **파르메니데스**: 그렇다면 당신은 (...) 불과 물 같은 이데아도 상정할 겁니까?
>
> **소크라테스**: 파르메니데스여. 나는 종종 그것들을 포함해야 할지, 혹은 말아야 할지 결정하지 못합니다.
>
> **파르메니데스**: 그렇다면 소크라테스여. 당신은 언급만 해도 웃음이 나오는 것들에 관한 것들도 똑같이 결정하기 어렵다고 느끼지 않겠습니까? 내 말은, 머리카락, 흙, 먼지, 그리고 극도로 불쾌하고 시시한 다른 것들, 이러한 것들 각각이 실제 사물들과 구별되는 이데아를 가지고 있다고 생각합니까?
>
> **소크라테스**: 그것은 분명히 아닙니다. 이런 보이는 것들은 우리

눈에 그저 나타나는 것이고, 애석하지만 그들 중 어떤 것들은 이 데아를 가정하는 것에 불합리성이 존재합니다. 나는 때때로 혼란스러워지고 이데아 없이는 아무 것도 없다고 생각하지만, 다시금 이 입장에서 빠져나가야 합니다. 왜냐하면 끝이 없는 넌센스의 구덩이에 빠져 사라져버리는 것이 두렵기 때문입니다.[42]

『파르메니데스, 플라톤』

그에게 아름다운 것은 완전했지만, 아름답지 못한 것들은 불완전한 현실 세계의 부수적 산물이었다. 여기서 우리는 플라톤이 다소 일관성을 잃은 모습을 본다.

이처럼 이데아 이론은 비판의 여지가 많다. 하지만 세계를 구성하는 기본입자의 발견 과정과 같이, 과학은 때로 매우 플라톤적인 탐구를 통해 결과물을 내놓기도 했다. 대체 우리의 눈에 보이지도 않는 작은 입자들이 존재한다는 사실을 어떻게 알게 되었을까?

## 다시 표준모형으로

앞서 말했듯, 양성자, 중성자보다 더 작은 입자는 실험 과정에서 우연히 발견되기도 했지만, 머리 겔만과 같은 과학자들의 기묘한 수학적 직관을 통해 예견이 이루어지기도 했다. 눈에 보이기 때문이 아니라, 수학적으로 아름다운 대칭이 완성돼야 하기에 그것이 반드시 존재한다는 믿음(비록 겔만은 조심스러운 입장이었지만)은 플라톤의 생각과 다르지 않다. 하지만 이렇게 예견된 입자들은 막대한 자본이 투입된 LHC와 같은 시설이 만들어지고, 상당한 시간이 흐르고 나서야 그 존재가 확인될 수 있었다.

겔만 등이 쿼크를 이용해 입자들을 질서정연하게 정리하기 전에, 입자물리학은 대혼돈 그 자체였다. 가속기에서 너무나도 많은 입자들이 발견되었기 때문

---

42. Plato, Parmenides, trans. Benjamin Jowett, (A Public Domain Book, 2012), p. 4

이다. 물리학자들은 새롭게 발견되는 입자들에 닥치는 대로 그리스 문자를 붙였고, 오펜하이머는 이 상황을 소립자 동물원subnuclear zoo이라고 재치 있게 표현했지만 근심은 깊어져 갔다.

다행히도 1961년 머리 겔만과 유발 네만Yuval Ne'eman, 1925-2006은 특정한 수학적 대칭이 난잡했던 소립자 동물원을 깔끔하게 정리해 줄 수 있음을 독립적으로 발견했다. 겔만이 이 문제에 천착했을 당시엔, 입자들을 끼워 맞출 수학적 모델, 즉 군론Group Theory에 관한 연구가 이미 존재했다. 그는 특히 SU(3)[43]로 불리는 수학적 모델에 영감을 받아 중입자baryon와 중간자meson를 분류하고, 심지어 새로운 입자를 예견하기에 이른다.

> 우리는 다음 절에서 "팔중도"의 설명을 가상의 "렙톤들"을 이용한 유니터리 대칭을 논의함으로써 시작할 것이다. 이 렙톤들은 실제의 렙톤들과 관련이 없을 수도 있지만 물리적 아이디어들을 보다 시각적인 방식으로 고찰하는 데 도움이 될 것이다.[44]
>
> 『팔중도: 강한 상호작용 대칭에 관한 이론, 머리 겔만』

[그림 24]가 바로 세 개의 쿼크로 구성된 중입자 모델과 쿼크와 반쿼크로 이루어진 중간자 모델, 즉 겔만의 팔중도를 나타낸 것으로, 여러 입자가 '기묘도'와 '전하'에 따라 배열된 것을 알 수 있다.

---

43. SU는 특수 유니터리 군Special Unitary group을 지칭하며, 3은 세 가지의 상태 변환을 의미한다. 수학에는 자신이 없지만 쿼크와 관련된 SU(3) 모델에 관심이 가는 독자라면, 해당 내용을 쉽게 설명한 난부 요이치로의 『쿼크: 소립자물리의 최전선』신야과학사을 참고.
44. M. Gell-Mann, The Eightfold Way: A Theory of Strong Interaction Symmetry, (California Institute of Technology, 1961), p. 7

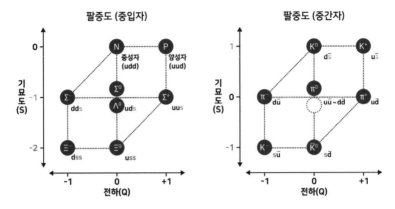

**팔중도 (중입자)**

0 ── N 중성자 P 양성자
       (udd) (uud)

기묘도 (S) -1 ── Σ⁻ Σ⁰ Σ⁺
         dds Λ⁰ uds uus

-2 ── Ξ⁻ Ξ⁰
     dss uss

전하(Q) -1  0  +1

**팔중도 (중간자)**

1 ── K⁰ K⁺
     ds̄ us̄

기묘도 (S) 0 ── π⁻ π⁰ π⁺
         dū uū–dd ud̄

-1 ── K⁻ K̄⁰
     sū sd̄

전하(Q) -1  0  +1

[그림 24] 중입자와 중간자의 팔중 상태. up(u), down(d), strange(s) 쿼크와 그 반쿼크(ū, d̄, s̄)가 조합되어 강입자를 구성한다. 겔만은 불교의 '팔정도'에서 영감을 받아 '팔중도'라는 이름을 붙였지만, 내용은 불교의 팔정도와 전혀 연관성이 없다. 중간자와 관련된 팔중도의 가운데는 당시에 발견되지 않은 입자여서 비어 있었고, 그는 이 미지의 입자를 '에타eta, η'라 불렀다. 이 입자는 금세 발견되었다.[45]

이런 방식으로 겔만은 팔중도와 팔중도를 확장한 십중도를 통해 입자들을 질서정연하게 배열하여 소립자 동물원에 질서를 가져왔다. 팔중도에서 에타 입자를 예측한 것과 마찬가지로 십중도에서도 겔만은 세 개의 strange 쿼크로 구성된 오메가 마이너스 입자(Ω⁻)를 예측했고, 이 입자 또한 얼마 지나지 않아 브룩헤이븐 연구소에서 발견된다. 이런 여러 업적 덕분에 겔만은 쿼크의 개념을 세우고 기본입자를 '예견'한 공로로 1969년 노벨상을 받았다. 피터 힉스가 제안한 힉스 메커니즘이 50년 후에야 실험으로 확인된 것을 생각해 보면 시간은 확실히 겔만의 편을 들어주었다.

새로운 입자의 예견과 그것의 연이은 발견은 과학의 놀라운 성취였지만, 동시에 과학자들에게 고민을 안겨주기도 했다. SU(3)와 같이 수학적 도구를 이용한 물리 이론이 세계를 결함 없이 설명할 수 있을까? 만약 그렇다면, 우주에 존재하는 모든 힘과 입자를 설명할 수 있는 단 하나의 통일 이론을 만들어내는 것도 가능할까? 다시 말해, 우주는 수학적 체계를 가진 무결성의 시스템이라고 볼 수 있을까? 만약 플라톤에게 이 질문을 던진다면, 플라톤은 활짝 웃으며 의기양양하게 답할 것이 분명하다.

---

45. 조지 존슨, 스트레인지 뷰티, 고중숙 역, (승산, 2004), p. 269 도표 참고.

이처럼 플라톤의 이데아 개념은 과학의 탑에 밝은 빛을 비추고, 그 탑을 높이 쌓도록 도왔다. 하지만 이데아의 심미성이 지나치게 밝았던 만큼, 그 빛은 과학의 탑에 아주 길고 어두운 그림자도 드리웠다는 것을 곧 '프톨레마이오스'를 다루는 장에서 보게 될 것이다. 그 그림자를 보기 전에, 먼저 플라톤의 옆에서 밝게 빛나는 아리스토텔레스를 이야기하는 것이 좋겠다.

# 아리스토텔레스

## BCE. 384 - BCE. 322

# 플라톤 대 아리스토텔레스

플라톤의 오른편에는 그에게 기죽지 않고 당당히 맞서는 한 인물이 있다. 『TIMEO』를 의식하기라도 한 듯, 플라톤을 똑바로 쳐다보며 『ETIKA』라고 쓰인 한 권의 책을 들고 있는 인물. 그가 바로 플라톤의 제자인 동시에 가장 큰 적수였던 아리스토텔레스Aristotle, BCE.384-BCE.322다. 아리스토텔레스는 플라톤과 함께 인류의 지성사에 큰 영향을 준 또 다른 거인으로 평가받는다.

아리스토텔레스는 철학자로 알려졌지만, 그 시대에 위대하다고 여겨지는 대부분의 위인들이 그랬듯, 철학만이 아니라 물리학, 천문학, 정치학, 윤리학, 문학 비평 등 사실상 그가 손을 뻗지 않은 분야는 거의 없다. 여기서는 라파엘로가 『아테네 학당』에서 아리스토텔레스를 묘사한 방식을 통해, 그가 어떤 지적인 결과물을 내놓았는지, 또한 그것이 후대의 사상에 얼마나 막대한 영향력을 휘둘렀는지 따라가 보도록 하자.


## 어미를 걷어찬 새끼

아리스토텔레스는 기원전 384년에 태어나 17살쯤 '기하학을 모르는 자는 들어갈 수 없는' 플라톤의 아카데메이아에 입학했다. 아리스토텔레스는 약 20년간 플라톤의 제자였으나, 플라톤의 모든 철학을 그대로 답습하지 않은 이단아였다. 버트런드 러셀은 아리스토텔레스의 철학(형이상학)을 "상식으로 희석된 플라톤 사상이라고 묘사해도 괜찮"다고 논평하기도 했지만, 여기서 우리는 둘 사이의 공통점보단 차이점에 더 주목하는 것이 흥미로울 것이다. 실제로 아리스토텔레스는 당시에 중요하게 다루어진 몇 가지 쟁점에서 스승인 플라톤과 대립각을 세웠다.

[그림 25] 라파엘로는 플라톤의 손가락은 위로, 아리스토텔레스의 손바닥을 아래로 향하게 그렸다. 이 장면은 두 사람의 사상적 차이를 함축하고 있다. 그런데 그 차이란 구체적으로 무엇이고, 왜 중요할까?

그 중 '보편자'로 불리는 개념의 탐구는 둘 사이에 벌어진 큰 논쟁 중 하나였다. 지금부터 이야기할 보편자 논쟁은 현대의 우리가 보기엔 지나치게 사변적이라는 생각이 들 수도 있다. 하지만 보편자 논쟁, 또는 이데아 논쟁이 촉발한 도화선으로 인해, 고대 그리스 시대부터 중세 말에 이르기까지 약 2000년에 걸쳐 세계 곳곳에서 가장 격렬한 철학적, 신학적 분쟁과 상호 비방이 벌어졌으니, 이것이 상당히 중요한 주제였음은 분명하다고 말할 수 있다. 또한 보편자 논쟁을 들여다보면, 플라톤과 아리스토텔레스 사상의 근본적 차이를 인식하는 데 도움이 되므로, 『아테네 학당』의 아리스토텔레스가 왜 플라톤과 정반대의 방향을 가리키고 있는지 이해할 수 있는 기반을 마련할 수 있을 것이다.

## 화약고

플라톤 철학의 핵심이었던 이데아 이론의 목표는 이 세계가 아닌 천상 세계의 진리를 직관하는 것이라고 이야기한 바 있다. 이 때문에 플라톤은 『아테네 학당』에서 하늘을 가리키고 있는 것이다. 플라톤은 우리가 감각할 수 있는 현실 세계에 '원'이라는 실체가 없다 해도, 이상적으로 '완벽한 원'은 반드시 존재해야만 한다고 주장한다. 달리 말하면, 지구상에 존재하는 모든 음반과 디지털 음원, 그리고 악기와 음악가를 제거한다 해도 플라톤은 여전히 '음악'이라는 관념이 저

위에 존재한다고 고집할 것이다. 여기서 '완벽한 원'과 '음악'이 바로 '이데아'이자 '보편자'이며, 대개 '집합명사'들이 '보편자'에 해당된다고 말할 수 있다.

그러나 데미우르고스의 컴퍼스로 그려진 원이 아닌 이상, 우리가 땅을 딛고 있는 세계, 즉 감각 세계에서는 '완벽한 원'을 절대 찾을 수 없을 것이다. 그렇다면 '완벽한 원'에 다가가는 방법은 오직 하나다. 플라톤의 손가락 방향과 같이 언제나 위를 향하는 직관을 가지는 것이다. 다시 말해, 오로지 '감각'만으로는 '보편자'를 직관할 가망성이 없고, 다만 '지성'을 통해 천상 세계에 속한 순수한 원을 그려볼 수 있을 따름이다. 그러므로 완벽한 원이라는 '보편적'인 것은 '개별적'이고 불완전한 원들에 선행하며 언제나 우위에 있다. 이 지점에서 플라톤은 감각이 지성보다 열등하다는 결론에 도달한다.

> 그러면, 여보게나 글라우콘! 이 전체 비유를 앞서 언급된 것들에
> 다 적용시켜야만 하네. 시각을 통해서 드러나는 곳을 감옥의 거처
> 에다 비유하는 한편으로, 감옥 속의 불빛을 태양의 힘에다 비유함
> 으로써 말일세. 그리고 위로 '오름'과 높은 곳에 있는 것들의 구경
> 을 자네가 '지성에 의해서 알 수 있는 영역'으로 향한 혼의 등정으
> 로 간주한다면, 자네는 내 기대에 적중한 셈이 될 걸세.[46]
>
> 『국가, 플라톤』

하지만 정말로 인류가 발을 딛고 있는 이 세계가 단지 천상의 빛이 동굴에 비춰져 만들어진 그림자에 불과하고, 감각을 배제한 채 지성을 통해서만 진리에 도달할 수 있는 것일까? 아리스토텔레스는 스승과 조금 다른 생각을 하고 있었기에 저서인 『형이상학』에서 감각과 실체에 관해 이야기를 꺼낸다.

> 실체는 분명히 물체들에 속하는 것으로 여겨진다. 그리고 우리는
> 동물과 식물들, 그리고 그것의 부분들이 실체라고 말할 뿐 아니라
> 불과 물, (...) 물리적인 우주와 이것의 부분인 별, 달, 태양 등도 실

---

46. 플라톤, 플라톤의 국가(政體), 박종현 역, (서광사, 1997), VII, 517b

체에 해당한다. 그러나 이러한 것만이 실체인지, 혹은 다른 실체
도 있는지 (...) 반드시 고려되어야 한다.

게다가, 어떤 사람들은 감각적인 것 외에 실체적인 것이 있다고
생각하지 않지만, 또 다른 이들은 더 실제적인 영원한 실체들이
존재한다고 생각한다. 예를 들어 플라톤은 두 종류의 실체인 형상
과 수학적 대상을 상정하고, 감각적인 물체를 세 번째 부류로 받
아들인다. (...)

이러한 문제들을 고려해 보면 우리는 반드시 어떠한 진술이 옳
고 그른지 물어야 한다. 또한 어떠한 실체들이 존재하는지, 감각
할 수 있는 실체 외에 어떤 실체가 존재할 수 있는지, 그리고 어떻
게 감각 가능한 실체들이 존재하는지, 감각적 실체와 별개의 동떨
어진 실체가 존재할 수 있는지(만약 그렇다면 왜, 그리고 어떻게),
혹은 감각적 실체와 분리된 실체는 존재하지 않는지도 물어야 한
다. 그리고 우리는 반드시 실체의 본질을 먼저 그려야 한다.[47]

『형이상학, 아리스토텔레스』

또 다른 저서 『니코마코스 윤리학』에서 그는 '진리를 건져내려면 친구조차도
버리는 것이 더 낫다'고 말하면서 좋음의 이데아를 신랄하게 비판하며, 스승인
플라톤과 대립했다.

"보편적인 좋음"을 생각해보고, 이것이 어떤 방식으로 거론되는지
를 살펴보는 편이 더 낫겠지만, 원형이 존재한다고 말한 사람들이
우리 친구들이므로 이 문제를 다루는 것은 거북하고 껄끄럽다. 그
럼에도 진리를 건져내려면 친구조차도 버리는 것이 더 낫다고 생
각하며, 특히 철학자에게는 더욱 그러하다. 진리와 친구는 둘 다 소
중하지만, 진리를 더 존중하는 것이 신성한 일이기 때문이다.[48]

『니코마코스 윤리학, 아리스토텔레스』

47. Aristotle, Metaphysics, trans. W. D. Ross, (Clarendon Press, 1924), Book VII, Part II
48. 아리스토텔레스, 니코마코스 윤리학, 박문재 역, (현대지성, 2022), Book I, 1096a, p.29

플라톤은 감각을 지성보다 열등하다고 여겼지만, 아리스토텔레스는 그렇게 생각하지 않았다. 아리스토텔레스는 감각의 세계가 불완전한 그림자에 불과한 것이 아니며, 감각 경험을 통해서 원의 이데아를 인식할 수 있다고 주장한다. 개별적인 100개의 원들 중에서 더 나아 보이는 원을 가려내고, 이로부터 더 좋은 원, 나아가서 완벽한 원이 무엇인지에 관한 결론에 도달할 수 있기 때문이다. 그러므로 이데아는 사물과 독립된 것이 아니라, 사물 속에 존재한다는 것이 아리스토텔레스의 입장이다.

아리스토텔레스의 말대로 이데아가 현세에 존재한다고 가정해 보자. 그렇다면 현세란 플라톤이 그렇게도 고귀하게 여긴 천상의 세계만큼이나 가치가 있다고 말할 수 있는 것이 아닐까? 결국 보편자 논쟁은 우리가 땅을 딛고 서 있는 이곳이 얼마나 중요한가에 관한 논의의 출발점이 된다. 그리고 이 문제를 아주 심각하게 다루는 분야가 있다. 바로 '신학'이다.

# 아우구스티누스 대 아퀴나스 _____

이쯤에서『아테네 학당』이 교황의 궁전에 있는 '시그나투라의 방Stanza della Segnatura'에 그려졌다는 사실을 상기해 보자. 그리스도교 입장에서 바라보면 이것은 정말 이상한 일인데, 플라톤과 아리스토텔레스는 명백한 이교도이기 때문이다. 지옥에서 고통받는 모습으로 그려져야 함에도 두 사람은 권위를 가진 당당한 모습으로 묘사되어 교황의 궁전에서 주인공 행세를 하고 있으니, 사실 라파엘로는 말도 안 되는 신성모독을 저지른 것이 아닐까?

이런 의문을 해소하기 위해 고대 그리스 철학의 발자취를 따라가다 보면, 우리는 가톨릭의 위대한 두 성자, 아우구스티누스와 토마스 아퀴나스를 마주하게 된다. 라파엘로가 아테네 학당에 플라톤과 아리스토텔레스를 교황의 궁전에 그려 넣을 수 있었던 건 이 두 명의 성자 덕분이다. 더 재밌는 점은 이 두 성자가 '물리적'으로 플라톤과 아리스토텔레스 가까이에 있다는 것이다.『아테네 학당』이 그려진 벽에서 고개를 조금만 돌리면, 마찬가지로 라파엘로의 작품인『성체논쟁Disputa del Sacramento』이 있고, 바로 여기에 아우구스티누스와 토마스 아퀴나스가 등장한다.

이 장에서는 가톨릭 철학과 그리스 철학이 어떻게 손을 잡고 철학적 동맹을 결성하게 되었는지 살펴볼 것이다. 그리고 이 중심에 플라톤과 아리스토텔레스가 있음을 곧 알게 될 것이다.

[그림 26] Raffaello Sanzio, Disputa del Sacramento, 1509-1510, Fresco, 196²⁷/₃₂ × 303⁵/₃₂″ (500 × 770㎝), Apostolic Palace, Vatican City. 『아테네 학당』과 같은 공간의 맞은편에 그려져 있는 라파엘로의 또 다른 작품 『성체 논쟁』에는 아우구스티누스와 토마스 아퀴나스가 등장한다.

[그림 27] 『성체 논쟁』 세부. 필경사에게 지시를 내리는 아우구스티누스와 검은색 수도사 복장의 토마스 아퀴나스가 눈에 띈다. 두 사람 모두 얼굴 뒤에 후광이 있다.

# 위에서 아래로

우리가 먼저 살펴볼 인물은 가톨릭 철학의 중대한 첫 번째 전환을 일으킨 성자 아우구스티누스St. Augustinus, 354-430이다. 아우구스티누스는 당시 유행하던 마니교의 신자였다가 여러 계기로 인해 그리스도교에 헌신하기로 마음을 먹은 후, 수많은 책을 저술하며 그리스도교 사상의 기틀을 다진 놀라운 인물이다. 특히 그의 저서 『고백록Confessiones』은 아우구스티누스가 절대자 하나님을 발견한 이후로, 방탕한 생활과 이교도의 잘못된 지식에서 벗어난 이야기를 담은 명저로 평가받는다. 하지만 이것이 전부라면 아우구스티누스가 이토록 위대해질 수 없었을 것이다. 그는 성서와 고대 그리스 철학의 일치 지점을 발견했고, 이에 영감을 받아 『고백록』을 썼다. 『고백록』은 신학과 철학의 종합을 이루는 아우구스티누스의 원대한 시도였고, 그 결과 가톨릭에서 가장 중요한 저서 중 하나가 되었다.

우리는 『고백록』을 통해, 아우구스티누스가 고대 그리스의 철학서를 접했다는 사실을 확인할 수 있다.

> 주님은 (...) 그 무엇보다도 먼저 나로 하여금 알게 하시기 위하여, 헬라어에서 라틴어로 번역된 신플라톤주의 철학자들이 쓴 몇 권의 책을, 지독한 교만으로 똘똘 뭉친 어떤 사람을 통해서 내게 허락하셨는데, 나는 그 책들이 동일한 표현들을 사용하지는 않아도, 서로 다른 다양한 많은 근거들을 들어서, 완전히 동일한 한 가지 명제, 즉 요한복음 1:1-5에 나오는 말씀을 논증하고 있다는 것을 발견하였습니다.[49]
>
> 『고백록, 아우구스티누스』

하지만 아우구스티누스는 고대 그리스의 철학서에서 성경의 모든 이야기들을 찾아볼 수 없다는 사실도 지적한다.

---

49. 아우구스티누스, 고백록, 박문재 역, (CH북스, 2016), VII, 9장, p.214

또한, 나는 그 책들에서, 하나님이시기도 한 "말씀"이 "혈통으로
나 육정으로나 사람의 뜻으로 나지 아니하고 오직 하나님께로부
터 났다"(요 1:13)는 것은 읽었지만, "말씀이 육신이 되어 우리 가
운데 거하셨다"(요 1:14)는 읽을 수 없었습니다. [50]

『고백록, 아우구스티누스』

그는 또한 '하나님 이외의 것들은 절대적으로 존재하는 것이 아니며'[51], '끊임
없이 변하는 나의 마음과 사고 위에 변함이 없고 참되고 영원한 진리가 존재한
다는 것을 발견'[52]한다. 그리하여 아우구스티누스는 하나의 결론에 이르는데, 그
것은 바로 '변하지 않는 것이 변하는 것보다 더 우월하다는 것은 의심의 여지가
없다'는 것이었다.

내 안에 있는 이 이성은 자신도 변할 수 있다는 것을 발견하고서
는, 스스로를 들어올려서, 자기 자신에 대한 이해로 나아가서, 자
신의 생각들로부터 경험적인 것들을 다 제거해 내고, 서로 모순
되는 온갖 무수한 허상들을 벗겨낸 후에, 자기에게 빛을 비추어
서 그러한 생각들을 만들어 낸 바로 그것을 찾아내고서는, 한 치
의 주저함도 없이, "변하지 않는 것이 변하는 것보다 더 우월하다
는 것은 의심의 여지가 없다"고 소리쳤습니다. 나의 이성은 변하
지 않는 존재를 알게 되었던 것입니다. [53]

『고백록, 아우구스티누스』

상기 서술한 아우구스티누스의 의견을 종합해 보자. 모든 사물은 천상의 하
나님을 통해 존재하며 경험적인 것들을 제거해야만 우리의 이성이 불변의 존재
를 알아챌 수 있다. 그리고 변하지 않는 것은 변하는 것보다 우월하다. 이쯤 되
면 독자는 아우구스티누스가 누구와 철학적 동맹을 결성했는지 분명하게 눈치

---

50. 아우구스티누스, 고백록, 박문재 역, (CH북스, 2016), VII, 9장, p.215
51. 아우구스티누스, 고백록, 박문재 역, (CH북스, 2016), VII, 11장, p.219
52. 아우구스티누스, 고백록, 박문재 역, (CH북스, 2016), VII, 17장, p.224
53. 아우구스티누스, 고백록, 박문재 역, (CH북스, 2016), VII, 17장, p.224

챌 수 있다. 그는 신플라톤주의 철학자들이 쓴 철학서를 읽었고, 이를 통해 배운 플라톤의 사상[54]으로 가톨릭 신학의 토대를 다지고자 했다.

[그림 28] Philippe de Champaigne, Saint Augustine, 1645-1650, Oil on canvas, 31 × 24½″ (78.7 × 62.2㎝), Los Angeles County Museum of Art, Los Angeles. 성 아우구스티누스의 초상. 성 아우구스티누스는 하늘로부터 신성한 계시를 받아 글을 쓰고 있다. 그림의 왼쪽 위에서 빛나고 있는 계시는 바로 진리VERITAS이다. 또한, 그의 발밑에는 켈레스티우스Caelestius와 펠라기우스Pelagius, 그리고 줄리안Julian of Eclanum의 책이 놓여 있는데 이들은 원죄와 자유의지에 관한 논쟁에서 아우구스티누스에게 패한 신학자 그룹이다.

---

54. 사실은 플로티노스와 포르피리오스가 해석한 신플라톤주의에 가깝다고 여겨진다.

저 위에 존재하는 불변의 진리에서 출발하여 아래에 존재하는 가변적 대상으로 향하는 플라톤 철학의 방향성은 가톨릭 신학과 아주 잘 맞아떨어졌다. 아우구스티누스는 플라톤 철학과 가톨릭 신학의 방향성이 일치하는 지점을 적절히 선택하여 신학의 진보를 이루어냈다. 반면 철학의 입지는 그로 인해 신학을 대변하는 하인으로 전락해 버린다.

신학의 권위는 나날이 높아졌다. 아우구스티누스의 또 다른 저작 『신국De civitate Dei contra paganos』은 비록 그가 의도하지 않았을지라도 교회와 국가 사이의 주종 관계를 확립하는 데 일부 기여했다. 이데아의 그림자에 불과한 지상의 권력은 이데아의 세계에 속하는 천상의 권력에 비할 수 없다. 국가는 지상을 대변하고 교회는 천상을 대변하므로, 국가와 교회 사이에 누가 우위인지는 아우구스티누스의 옹호자들에겐 굉장히 명확한 것이었다. 황제는 단지 신의 뜻을 지상에 알맞게 행사하기 위한 세속 권력만이 주어지므로 당연히 교회에 종속되어야 한다. 아우구스티누스의 사상은 이러한 방식으로 변형되어, 중세 내내 벌어진 교황과 황제의 갈등에서 언제나 교황 권력에 철학적 정당성을 부여해 주었다. 하지만 신학을 강화하기 위해 가져온 철학의 상자에는 달콤한 열매와 동시에 균열의 씨앗도 들어 있었다.


## 아래에서 위로

독자들은 『아테네 학당』의 플라톤과 아리스토텔레스가 고대 그리스 철학의 두 거인이라는 사실을 기억하고 있을 것이다. 아우구스티누스에 의해 플라톤 철학이 가톨릭 신학에 흡수되었다면, 위대한 아리스토텔레스의 철학은 어디로 갔을까? 당연히 그의 철학은 전혀 사라지지 않았다. 신플라톤주의에 조금 영향을 미치고 사라지기에 아리스토텔레스 철학은 너무나도 존재감이 컸기 때문이다. 그렇다면 언제 아리스토텔레스 철학이 다시금 그 존재를 드러냈을까?

아우구스티누스가 플라톤 철학으로 신학의 토대를 다진 날로부터 800년 후, 토마스 아퀴나스Thomas Aquinas, 1225-1274라 불리는 인물이 태어난다. 바로 그가 아리스토텔레스를 신학에 적용하여 가톨릭 철학의 황금기를 연 인물이자, 아우구스티누스 이후 가톨릭 사상사에 지대한 영향을 끼친 지혜로운 성자였다. 이 지점에서 우리는 두 가지의 의문이 생긴다. 첫 번째는 플라톤의 철학이 신학에 받아들여진 후, 아리스토텔레스의 철학이 신학에 적용되기까지 왜 800년이라는 긴 시간이 걸렸는가에 관한 것이고, 두 번째는 현세를 중시했던 아리스토텔레스의 사상이 어떻게 신학과 융합될 수 있었는지에 관한 의문일 것이다. 첫 번째 의문은 13세기 전까지 아리스토텔레스 저작들의 번역이 유럽에서 원활하게 이루어지지 않았다는 사실에서 일부분 해소될 수 있다.[55]

두 번째 의문, 즉 아리스토텔레스 철학과 신학의 융합은 납득하기 어려울 수 있겠지만, 중세의 철학자와 신학자도 똑같은 문제로 고심했다는 사실에 우리는 위안받을 수 있다. 실로 아리스토텔레스주의가 가톨릭 신학에 편입되기까지는 엄청난 진통이 따랐다. 11세기 미카엘 프셀로스와 같은 신학자들은 아리스토텔레스보다 플라톤의 철학이 신학적 관점에서 더 적합하다고 생각했다. 이것은 어찌 보면 당연한 귀결이었다. 보편자에 관한 플라톤과 아리스토텔레스의 견해는 기존 신학자들에겐 물과 기름처럼 섞이지 않는 것처럼 느껴졌고, 이미 아우구스티누스라는 거인이 플라톤에 힘입어 현세는 천세보다 열등하다고 논증했기에, 현세에 비중을 둔 아리스토텔레스주의는 신학과 연합한 플라톤주의에 자리를 내주어야 함이 마땅했기 때문이다.

그러나 13세기에 이르러 아리스토텔레스의 번역서가 적극적으로 출간되어 현세에 무게추를 더한 그의 사상이 유럽에 확산되면서, 서방 세계는 철학 대 신학의 문제, 이성과 신앙의 양립 가능성에 관한 스캔들에 휘말린다. 아리스토텔레스가 재발견되기 전까지, 철학은 신학에 예속되어 있었으나 13세기 전후에는 대학의 인문학부 교수들을 필두로 철학, 특히 아리스토텔레스의 자연학 등을 신학과 떨어뜨려 연구하려는 움직임을 쉽게 발견할 수 있다. 심지어 스웨덴의 보에티우스Boethius of Sweden, 13세기는 철학과 신학은 별개의 진리임을 주장하기도 했는데, 이것은 이중의 진리가 존재할 수도 있다는 견해였고, 아우구스티누스 중심

---

55. 13세기 이전에 아리스토텔레스 연구는 유럽보다 오히려 아랍 세계에서 매우 활발하게 이루어졌는데, 이는 '아베로에스'를 설명하는 장에서 다룰 것이다.

으로 신학 체계를 재편했던 가톨릭에서 받아들일 수 없는 이단이었다.

이러한 문제들이 대두되자, 신학계는 철학의 독자적 연구, 특히 아리스토텔레스를 저지하는 일련의 조치를 시행했다. 그 일환으로 1215년 가톨릭은 대학의 인문학부에서 아리스토텔레스의 저작을 공부하는 것을 일부 금지하고자 했지만 큰 효과를 발휘하지 못했기에, 일부 도시의 대학에선 여전히 자유로운 연구가 이루어졌다. 토마스 아퀴나스가 공부했던 나폴리도 그러했다.

토마스 아퀴나스는 1225년에 태어나, 1239년 나폴리에서 공부하며 아리스토텔레스의 논리학과 자연학을 접했다. 이후 그는 도미니쿠스 수도회에 헌신하기로 마음을 먹었고, 알베르투스 마그누스라는 스승 밑에서 교육받는다. 알베르투스 마그누스는 철학과 신학의 관계에 관해 끊임없이 고찰했던 사람이자, 아리스토텔레스에 관심을 가지고 연구했던 신학자였다. 이렇게 토마스 아퀴나스는 자연스럽게 어린 시절부터, 그리고 성인이 되어서도 아리스토텔레스의 학문을 접했기에 아리스토텔레스 철학에 거부감이 없었다.

[그림 29] Carlo Crivelli, Saint Thomas Aquinas, 1476, Tempera on wood, 24 × 15¾″ (61 × 40㎝), The National Gallery, London. 토마스 아퀴나스는 아리스토텔레스를 신학에 성공적으로 결합한 덕에, 아우구스티누스 이후 최고의 신학자로 평가받는다.

토마스 아퀴나스는 아리스토텔레스가 가진 세계의 인식 모델을 아우구스티누스적 모델에 큰 충돌 없이 결합하고자 부단히 노력했다. 그는 기존 아랍 세계에서 활발하게 이루어진 (토마스 아퀴나스가 보기에) '이단적 성격'을 가진 아리스토텔레스의 연구들, 특히 아랍 철학자인 아베로에스의 아리스토텔레스 연구를 비판하기 위해 『아베로에스 비판을 위한 지성 단일성De Unitate Intellectus Contra Averroistas』을 저술하는 등, 가톨릭 신학 내부에서 아리스토텔레스의 철학이 '건전하게' 적용될 수 있도록 노력한다.

또한 『신학대전Summa Theologica』과 『대이교도대전Summa Contra Gentiles』을 저술하여 '영혼'만이 인간의 인식 요소가 아니라 '육체'와 '감각'도 인식의 핵심요소라고 주장하며, 아우구스티누스로 인해 갇혀있던 인간의 인식 모델을 확장하고자 시도했다. 기원전 300년 플라톤을 반박했던 아리스토텔레스의 철학적 투쟁이 1600년이 지나 가톨릭 신학의 무대에서 재현된 것이다.

---

*그리니 인간은 신체기 없으면 감각할 수 없다.*[56]
*- 신학대전, 토마스 아퀴나스 -*

---

조금만 잘못 말하면 이단의 나락에 빠질 위기에서, 토마스 아퀴나스는 신의 의지와 인간 지성의 사이의 미묘한 줄타기를 하며 아리스토텔레스를 가톨릭 신학에 흡수하는 데 성공한다. 하지만 이 문장조차 그를 과소평가하는 논평인 것 같다. 아리스토텔레스를 그리스도교화하고자 했던 토마스 아퀴나스주의, 즉 '토미즘'이라 불리는 그의 사상은 많은 사람을 설득하기 충분한 논리를 갖추었고, 그 덕분에 얼마 지나지 않아 유럽에서 아리스토텔레스주의는 플라톤주의보다 훨씬 더 중요한 철학으로 성장하기 때문이다.

---

56. Thomas Aquinas, Summa Theologica, trans. Fathers of the English Dominican Province, I, q.76, a, 1

물론 아리스토텔레스를 통해 신학을 '계시'가 아니라 '이성'으로 합리화하고자 했던 아퀴나스의 시도가 처음부터 환영을 받았던 것은 아니었다. 토마스 아퀴나스가 사망한 지 불과 3년 후, 파리의 주교인 에티엔 탕피에Etienne Tempier, ?-1279는 선언문을 통해 219개의 이단적 항목을 열거하고 파문의 위협을 가함으로써, 신학에 대한 철학의 소요 사태를 경계하는 동시에 아리스토텔레스주의와 토미즘의 확산을 저지하고자 했다.

> 우리는 이단에 속하므로 다음과 같이 책에서 학습하거나 듣는 것
> 을 금지하는 문장들을 선언한다.
> 항목 1. 철학 연구보다 더 훌륭한 것은 존재하지 않는다는 것
> 항목 2. 철학자만이 오로지 현명한 사람이라는 것
> (...)
> 항목 172. 행복이 이 세계에 속해있고, 다른 곳에는 존재하지 않는
> 다는 것[57]
>
> 『219 항목에 관한 비난, 에티엔 탕피에』

프란치스코 수도회[58]의 대표 격이었던 보나벤투라Sanctus Bonaventura, 1221-1274도 탕피에의 주장에 찬성했다. 토마스 아퀴나스는 스캔들에 휘말렸으며, 심지어 프란치스코회 신학자 로저 마스턴Roger Marston, ?-1303은 토마스 아퀴나스를 이단으로 규정하고, 토마스 아퀴나스, 아베로에스, 아리스토텔레스가 함께 지옥에 떨어졌을 것이라 언급했다. 이는 지나치게 과한 처사라고 느껴진다. 그러나 이렇게 아리스토텔레스와 토미즘을 저지하고자 강경하게 대응한 이유는, 단순히 의지와 지성 사이의 균형이라는 사항보다 더 민감한 주제가 기저에 자리 잡고 있기 때문이었다. 그 주제는 바로 행복의 관념이다.

---

57. Gyula Klima et al., Medieval Philosophy: Essential Readings with Commentary, (Wiley-Blackwell, 2007), p.181
58. 13세기 초 가톨릭 수사인 프란치스코가 설립한 가톨릭 수도회. 수도사의 청빈한 삶을 강조하는 것이 특징이다.

## 행복의 윤리학

[그림 30] 아리스토텔레스의 ETIKA는 Ethics, 즉 윤리를 뜻한다.

아우구스티누스 신학에서 삶의 목적은 현세에서의 행복이라기보단 내세로의 구원이었다. 삶의 목적을 구원에 둔다면 청빈한 생활과 금욕주의, 심지어 자신의 목숨을 버리는 순교까지도 정당화된다. 하지만 아리스토텔레스가 신학에 편입된 이후부터는 이야기가 상당히 달라진다. 감각 세계를 중요시하는 아리스토텔레스의 태도는 자연히 플라톤에 비해 현세에 무게추가 더 올려진다. 아리스토텔레스는 그의 저서 『니코마코스 윤리학[59]』에서 행복에 관한 이야기를 전개하며, 행복이 인간의 목적이라고 명시한 바 있다. 그리고 그는 일련의 논증을 통해, 철학적 지혜를 지닌 사람이 가장 행복할 것이라고 주장한다.

> 지성에 따라 활동하고 지성의 소리를 경청하는 사람이 가장 좋은 상태에 있고, 신들로부터 가장 많이 사랑받는 사람이다. 신들이 인간사에 관여한다고 생각한다면 신들은 가장 좋으며 그들과 가장 유사한 것(곧, 지성)을 당연히 기뻐할 것이다. 즉, 지성을 가장 사랑하고 아끼는 사람들을, 신들이 사랑하는 것을 돌보아 바르고 고귀하게 행하는 사람들로 여기고 상을 줄 것이 당연하다. (...) 이런 식으로 철학적 지혜를 지닌 사람이 누구보다도 가장 행복한 사람이다.[60]
>
> 『윤리학, 아리스토텔레스』

아리스토텔레스는 행복을 느슨하게 신과 연결하긴 했지만, 그가 천국 또는 사후 세계의 행복보다는 바로 지금, 현재의 행복을 모색하고 있었음을 다음의 말을 통해 알 수 있다.

---

59. 이하 윤리학
60. 아리스토텔레스, 니코마코스 윤리학, 박문재 역, (현대지성, 2022), Book X, 1179a, p. 409

사람이 죽은 뒤에야 행복하다는 주장이 사실인가? (...) 누군가의 인생이 어떻게 끝나는지를 보고서야, 비로소 그가 이제 죽어서 행복하다는 의미가 아니라 살아생전 행복했다는 뜻에서 그를 행복한 사람이라고 말한다면, 이는 분명 불합리하다.[61]

『윤리학, 아리스토텔레스』

아리스토텔레스의 영향을 받은 토미즘은 행복의 무대를 하늘나라에서 지상 세계로 일부 가져왔고, 지상과 육신은 더 이상 배제해야 할 대상이 아니게 됐다. 신이 예수 그리스도를 지상에 보냈으므로, 우리가 발을 딛고 선 이 세계는 더 이상 악하지 않다고 아퀴나스는 생각했다. 이런 방식으로 토마스 아퀴나스는 아우구스티누스가 깎아놓은 극단적인 벼랑 끝에서 내려와 균형을 회복하고자 노력했다. 하지만 이 생각은 당시 가톨릭의 한 축이었던 프란치스코회가 추구하는 방향과 정반대였기에(토마스 아퀴나스는 도미니쿠스회에 속했다), 프란치스코회의 수호자 보나벤투라는 아리스토텔레스주의를 배격하고 에티엔 탕피에를 옹호했다.

프란치스코회의 이념과 아리스토텔레스가 정면충돌한 것은 또 있었으니, 그것은 바로 '중용'의 미덕이었다. 아리스토텔레스가 들고 있는 책의 제목 'ETIKA'는 보통 '윤리학'으로 번역되며, 선택에 관한 이야기를 담고 있다. 그는 이 책에서 '우리가 찾는 좋음도 인간에게 좋음이고, 우리가 찾는 행복도 인간의 행복이기 때문윤리학, I. 13장'에 인간의 미덕을 연구해야 한다고 말하고, '미덕은 중용을 선택하는 성품윤리학 II, 6장'이라고 주장한다. 이렇듯 '중용'은 아리스토텔레스 윤리학의 핵심을 이룬다. 중용의 원칙은 개별 미덕에 적용된다. 예를 들어 두려움과 대담함의 중용은 용기이다. 명예와 불명예의 중용은 포부가 큰 것이며, 분노의 지나침과 모자람의 중용은 온화이다. 이처럼 그에게 미덕은 흑과 백의 선택이라는 이항 대립이 아니다. 중용은 현대를 사는 우리도 꽤 잘 받아들일 수 있는 개념인 것 같다. 돈이 많다고 행복한 것은 아니지만, 어느 정도의 통장 잔고는 있어야 한다는 말의 기원은 적어도 2300년 전의 아리스토텔레스로 거슬러 올라갈 수 있다.

61. 아리스토텔레스, 니코마코스 윤리학, 박문재 역, (현대지성, 2022), Book I, 1100a, p.45-46

물론, 관조하는 사람도 인간이므로 외적으로 좋은 조건이 필요하다. 인간 본성은 관조하는 데 충분한 자족성이 없기에, 관조하려면 몸도 건강해야 하고 음식도 있어야 하며 그 밖의 다른 보살핌도 있어야 한다. 하지만 외적인 좋음 없이 복될 수 없다고 해서, 행복하려면 많은 것, 대단한 것이 필요하다고 생각해서는 안 된다. 자족함이나 행복을 위한 행위는 대단한 데 있지 않아서, 땅과 바다를 다스려야만 고귀한 행위를 하는 것이 아니고, 외적 조건이 적당히만 갖추어져 있어도 미덕을 따라 행할 수 있다.[62]

『윤리학, 아리스토텔레스』

토마스 아퀴나스는 아리스토텔레스적 자세로 신학의 영역에서 계시와 이성의 황금비를 찾는 중용의 길을 모색한 것으로 여겨진다. 하지만 중용의 개념은 계시 대 이성의 문제를 떠나서, 극단적인 청빈함과 금욕을 강조하는 프란치스코 수도회의 이념과도 맞지 않았다. 물론, 아퀴나스가 속한 도미니쿠스회도 프란치스코회와 마찬가지로 금욕을 강조했지만, 그가 가져온 아리스토텔레스주의는 대중들에게 물질주의를 열어줄 가능성을 내포하고 있었다. 게다가 형상의 유일성 논쟁[63] 또한 아퀴나스와 프란치스코회를 대립하게 만들었다. 이처럼 신학의 역사에서 벌어진 대립, 즉 아우구스티누스 대 토마스 아퀴나스, 혹은 프란치스코회 대 도미니쿠스회의 대립을 들여다보면, 결국 플라톤과 아리스토텔레스 둘 중 하나의 선택을 강요하는 투쟁이었다는 것을 알 수 있다. 토마스 아퀴나스가 1323년 성인으로 공식 추대되고 나서야, 플라톤과 아리스토텔레스는 신학의 영역에서 극적으로 휴전하게 된다.

아우구스티누스와 토마스 아퀴나스라는 두 교부가 그리스 철학을 통해 신학을 강화하고자 했던 일련의 시도는 결과적으로 교회의 세력을 강화하는 데 기여했을까, 혹은 정반대의 결과를 낳았을까? 이것은 쉽게 답하기 어려운 질문인 것 같다.

---

62. 아리스토텔레스, 니코마코스 윤리학, 박문재 역, (현대지성, 2022), Book VIII, 1179a, p.407
63. 토마스 아퀴나스는 인간 영혼의 모든 행동이 하나의 영혼에서 기인함을, 즉 형상의 유일성을 주장했고, 이는 중세 스콜라 철학자들 사이의 쟁점이었다.

# 다시 플라톤 대 아리스토텔레스 _____

사실 라파엘로가 아리스토텔레스에게 『윤리학ETIKA』을 쥐여준 것은 조금 반칙처럼 느껴진다. 우리는 앞서 플라톤의 『티마이오스TIMEO』가 엉터리로 가득한 책이라는 것을 쉽게 눈치챌 수 있다고 말한 바 있다. 사물이 4원소로 구성되었다는 플라톤의 주장은 명백히 거짓이다. 이렇게 『티마이오스』는 그 내용의 통찰력과는 별개로, 현대의 관점에서 참, 거짓을 평가할 수 있다. 하지만 아리스토텔레스의 『윤리학』은 그렇지 못한데, 자연의 창조물이 아닌 인간이 만들어낸 구조, 즉 윤리와 도덕은 과거나 지금이나 쉽사리 옳고 그름을 판단하기 어렵고 때로는 그 안에 비극적 요소를 내포하기 때문이다. 그리고 이런 요소가 개입되면 문제는 한층 더 복잡해진다.

## 비극의 윤리학

비극에 관해 조금 더 이야기해 보자. 고대 그리스는 윤리와 도덕에 관한 문제를 예술의 형식 중 하나인 연극에 담아 시민에게 전달하기도 했다. 아리스토텔레스는 예술이 본질적으로 삶의 모방이라고 보았기에, 예술이 시민의 정신을 고양할 수 있다고 보았다. 그는 『시학Poetics』에서 비극적 요소를 내포한 예술 형식의 조건을 진지하게 다루는데, 그에 따르면 비극에서 가장 중요한 것은 '사건의 구조'이다.

하지만 무엇보다 가장 중요한 것은 사건의 구조이다. 비극은 인간을 모방하는 것이 아니라, 삶과 행동의 모방이기 때문이다.[64]

『시학, 아리스토텔레스』

고대 그리스의 3대 작가 소포클레스, 에우리피데스, 아이스킬로스는 인간의 비극을 연극에 잘 담아내는 것으로 유명했다. 특히 소포클레스는 『안티고네』를 통해 시민들에게 이항 선택의 딜레마를 제시함으로써, 비극이 가진 성질을 절묘하게 드러낸 바 있다. 이야기는 다음과 같다. 오이디푸스 왕의 두 아들인 에테오클레스와 폴리네이케스는 왕권 다툼을 벌이다가, 결국 둘 다 사망하고 사촌 크레온이 왕위를 계승하게 된다. 크레온은 에테오클레스의 편을 들어주며, 에테오클레스에게만 장례를 치러주고 폴리네이케스의 시신을 방치하라고 선언한다. 동생인 안티고네와 이스메네는 고민에 빠지게 된다.

> **이스메네:** 만약 우리가 권위를 무시하고 왕의 계명을 거역한다면, 우리 두 사람은 가장 애처롭게 파멸하고 말 거예요. (...)
>
> **안티고네:** (...) 네가 그런다면, 신성한 하늘의 법에 경멸을 퍼붓는 것이다.
>
> **이스메네:** 불경을 저지르고 싶은 것이 아니에요. 하지만 전 시민들의 의지에 대항할 힘이 없어요.[65]

『안티고네, 소포클레스』

두 자매가 폴리네이케스의 장례를 치르지 말라는 크레온의 명령, 즉 '왕의 법'을 따르기로 한다면, 이는 '하늘의 법'인 양심과 연민을 저버리는 것이다. 동생인 이스메네는 '하늘의 법'을 어기고 싶지는 않지만, 크레온의 처벌이 두려워 '왕의 법'을 따르겠다고 말한다. 안티고네는 어떠한 선택을 해도 파국임을 예감한

---

64. Aristotle, Poetics, trans. S. H. Butcher, (Project Gutenberg, 2008), Book VI
65. Sophocles, Antigone, reprinted in an English translation in Lewis Campbell, The Seven Plays in English Verse, trans. Lewis Campbell, (Oxford University Press, 1906), p.4-5

다. 결국 안티고네는 '하늘의 법'을 선택하고 처벌받는다. 이런 측면에서 안티고네는 아우구스티누스주의를 따르는 순교자이다.

[그림 31] Nikiforos Lytras, Antigone confronted with the dead Polynices, 1865, Oil on canvas, 39⅜ × 61¹³⁄₁₆″ (100 × 157㎝), The National Gallery, Athens. 폴리네이케스의 시신과 마주한 안티고네.

우리는 안티고네의 고통과 고뇌에 공감할 수 있으며, 그 과정에서 윤리와 도덕이 충돌할 수 있음을 충분히 이해할 수 있다. 최고의 문학비평가로 평가받는 노스럽 프라이Northrop Frye, 1912-1991는 비극에 관해 다음과 같이 논평한 바 있다.

> 비극, 말하자면 비극적 주인공에게 일어나는 특수한 사건은 이 주인공이 도덕적으로 옳으냐 옳지 못하냐 하는 것과는 별개의 문제이다. 비극은 일반적으로 그렇듯이 주인공의 행위와 인과관계를 맺고 있기는 하지만, 그 비극성은 주인공의 행위의 귀결이 지니는 불가피성에 있는 것이지, 주인공의 행위가 지니는 도덕적인 정당성에 달려 있는 것은 아니다.[66]
>
> 『비평의 해부, 노스럽 프라이』

66. 노스럽 프라이, 비평의 해부, 임철규 역, (한길사, 2000), p.105

따라서 역사적 맥락을 무시하고 지극히 현대적인 관점을 적용해 『티마이오스』와 『윤리학』을 평가한다면, 아리스토텔레스에게 판정승을 부여해도 괜찮은 것 같다. 오답으로 가득한 플라톤의 책을 보느니, 정답이 없는 윤리와 도덕의 영역에서 중용의 덕을 실현하고 행복을 탐구하는 아리스토텔레스의 책이 좀 더 낫지 않을까?

그러나 만약 라파엘로가 아리스토텔레스의 옆구리에 『윤리학』이 아니라 『자연학』을 그려 넣었다면, 두 철학자의 승패를 가리기는 매우 어려웠을 것이다. 자연에 관한 기술의 측면에서, 아리스토텔레스의 『자연학』 또한 『티마이오스』와 승패를 가리기 어려울 정도로 엉터리이기 때문이다.[67] 여기서 더욱 참혹한 것은, 두 사람의 엉터리 이론이 과학사 전반에 철권을 휘두르며 천년왕국을 실현했다는 사실이다. '자연'에 관한 아리스토텔레스의 생각, 그리고 이로 인해 생긴 부수적 피해는 플라톤이 자연과학에 드리웠던 그림자에 결코 밀리지 않았다.

## 이상 국가, 그리고 미메시스

지금까지 우리는, 플라톤과 아리스토텔레스의 사상적 견해 차이가 이데아 논쟁, 감각과 지성의 역할과 같은 영역으로 들불처럼 번져나갔고, 마침내 가톨릭 신학에도 지대한 영향을 끼쳤음을 보았다. 그리고 두 사람의 생각은 국가에 관한 탐구에서도 극명하게 갈린다. 플라톤이 자신의 저서인 『국가』를 통해 통치자가 가져야 할 이상적인 덕목을 예언자적 태도로 주장했다면, 아리스토텔레스는 마치 표본을 수집하는 학자처럼 150여 개의 도시국가를 돌아다니며 각 국가의 특성을 정리하고 나름의 결론을 도출했다. 플라톤은 민주주의를 비롯한 몇 가지 체제들을 부도덕하다고 여겼으며 대중의 여론을 불신한 반면, 아리스토텔레스는 깨어 있는 시민의 민주주의를 선호하였고 통치자의 역량보다는 법에 의해 국가가 운영됨이 바람직하다고 보았다. 따라서 현대적 국가관은 플라톤의 국가보다 아리스토텔레스의 정치학에서 많은 모티브를 가져왔다고 볼 수 있을 것이다.

---

67. 아리스토텔레스의 『자연학』이 얼마나 처참했는지는 이미 플라톤의 4원소설에서 간단히 설명했지만, 프톨레마이오스를 설명하는 장에서 더 이야기하게 될 것이다.

이제 우리는 두 사람의 예술에 관한 견해 차이도 이해할 준비가 되었다. 플라톤이 예술을 '모방'으로 인식하고, 미의 모조품으로 평가절하하는 등, 총체적으로 예술에 관한 부정적인 논평을 남겼음을 기억할 것이다. 모방, 즉 '미메시스'는 플라톤에게 한계로 인식되었다. 그러나 아리스토텔레스에게 그것은 오히려 가능성이었다. 만약 아리스토텔레스의 주장대로 이데아가 '사물 속에 존재'한다면 예술 작품이 '미의 모조품'에 불과하다고 말하는 것은 부당한 처사일 것이다. 또한 감각 경험이 그다지 악한 것이 아니라면, 우리의 손에 잡히고 눈에 보이는 예술 작품이 반드시 플라톤이 이야기한바 '철학에 대한 이해를 필요로 하는 지적인 시각'에 의해 극복되어야 할 무언가일 필요도 없지 않을까?

　　단순한 기술자의 역할에서 벗어나, 아름다움을 창출해 내는 창조자로서의 지위가 예술가에게 부여될 수 있었던 이유 중 하나는 인간의 감각, 특히 시각의 지위를 격상한 아리스토텔레스의 덕이 매우 크다고 할 수 있다. 또한 아무리 플라톤이 예술을 부정적으로 생각했다 해도, 세계의 미학적 측면을 강조한 플라톤의 사상 그 자체는 비단 '지성의 눈'을 가진 철학자만이 아니라, '감각의 눈'으로 아름다움을 찾아내고 재창조하는 예술가에게도 일부 유리한 고지를 주었으며, 마르실리오 피치노Marsilio Ficino, 1433-1499의 신플라톤주의에 이르러 예술가는 만물을 창조하는 신과 동일한 재능을 가진 것으로 묘사된다. 덕분에 르네상스 시기의 예술가는 이전과 다르게 당당하게 자연을 모방하고, 창의력과 천재성을 마음껏 발휘하며 드높은 명성을 얻을 수 있었다. 그렇기 때문에 예술과 예술가는 플라톤과 아리스토텔레스에 빚을 지고 있는 셈이다. 그것은 라파엘로도 마찬가지일 테니 『아테네 학당』은 라파엘로 자신의 예술성을 한껏 펼칠 수 있게 만들어 준 플라톤과 아리스토텔레스에게 바치는 헌사라고 볼 수도 있겠다. 르네상스 시기에 예술은 더 이상 '젊은이들에게 비교육적'인 것이 아니라, 오히려 젊은이들이 '혼신을 다해' 전념해야 할 것으로 격상되었다.

> 회화는 만물을 아름답게 장식하는 데 있어 오랜 전통을 가지고 있고 가장 적합할 뿐만 아니라, 자유시민의 품격에도 잘 어울리며 학식이 있고 없음을 떠나 누구에게나 즐거움을 줍니다. 그러므로 간

절히 바라건대, 젊은이들이여 혼신을 다해 회화에 전념하십시오.[68]

『회화론, 레온 바티스타 알베르티』

'감각의 눈'으로 자연을 재현하는 예술의 격동기를 지나, 우리는 다시금 과학이라는 '지성의 눈'으로 자연의 아름다움을 찾아내려고 시도하고 있다. 현대 과학은 예술과 동등하게, 또는 그 이상으로 세상의 아름다움을 드러내는 데 도움을 준다. 아인슈타인의 장 방정식The Einstein Field Equation, EFE은 라파엘로의 예술 작품만큼이나 우리를 미학적 세계로 안내하고, 자연에 관한 이해를 돕는 동시에 아인슈타인의 천재성에 경외감을 불러일으키기도 한다. 라파엘로의 작품이든, 아인슈타인의 장 방정식이든, 그 미학적 아름다움의 과즙을 음미하기 위해서는 아주약간의 사전 지식이 필요할지도 모른다. 하지만 그 달콤함을 생각하면, 노력을들일 가치는 충분하다.

$$R_{\mu\nu} - \frac{1}{2}Rg_{\mu\nu} + \Lambda g_{\mu\nu} = \kappa T_{\mu\nu}$$

[그림 32] 아인슈타인의 장 방정식에서 좌변은 시간과 공간의 휘어짐을 나타내고, 우변은 물질과 에너지를 나타낸다. 아인슈타인은 이 방정식으로 물질과 시공간의 관계를 명료하게 표현했다.

## 파라고네, 누가, 무엇이 우월한가?

다시 알베르티의 말로 돌아가 보자. 눈썰미가 좋은 독자라면 알베르티의 말이 우리를 또 다른 전장으로 이끌고 있음을 눈치챘을 것이다. 그는 분명히 회화가 만물을 아름답게 장식하는 데 있어 가장 적합하다고 말했다. 그렇다면 다른 예술 형식들은 회화보다 못하다는 말일까? 이처럼 르네상스 시기에 벌어진 기묘한 논쟁 중 하나는 바로 '파라고네Paragone'였다. 이 단어는 이탈리아 말로 '비교'를 뜻하며, 주로 예술의 영역에서 회화와 조각 중 어떤 형식이 우월한가에 관한 논쟁에 쓰인다. 당시 회화와 조각의 비교는 굉장히 중요하게 다루어진 주제였고, 이는 필연적으로 '시각'과 '촉각' 중 어떤 감각이 더 뛰어난지에 관한 논의로 이어졌다. 일

---

68. 레온 바티스타 알베르티, 회화론, 김보경 역, (기파랑, 2011), II, 29, p.127

레로 조각이 회화보다 우월하다고 주장하는 측은 맹인이 조각을 만지면 그 아름다움을 논할 수 있으나 회화는 그렇지 않다는 식의 논리를 펼쳤으며, 반대 진영은 회화가 조각이 묘사할 수 없는 것들까지 상세하게 표현할 수 있다고 반격했다.

티치아노 베첼리오Tiziano Vecellio, 1488?-1576는 회화가 조각보다 우월함을 자신의 작품으로 은근히 드러낸 예술가였다. 그의 작품『여인의 초상La Schiavona』을 보자. 그림 속 여인은 정면을 바라보고 있고, 여인의 옆모습을 조각한 부조가 그녀의 손 아래 놓여있다. 특기할 만한 사항은 정면을 바라보는 여인은 화사한 붉은 색 옷을 입은 채 웃고 있지만, 부조 속 여인은 색채가 없는 무뚝뚝한 옆모습을 보여주고 있다는 점이다. 이러한 점들을 고려해보면, 이 그림은 회화가 조각을 포괄하고, 나아가 조각보다 더 많은 것을 말할 수 있다고 강조하기 위한 의도를 가지고 있는 것 같다.

[그림 33] Tiziano Vecellio, La Schiavona, 1510-1512, Oil on canvas, 47 × 38″ (119.4 × 96.5㎝), The National Gallery, London. 이 회화의 목표가 단순히 여인을 그리기 위함이 아니었음은 명백하다.

레오나르도 다 빈치 또한 파라고네의 중심에서 적극적으로 회화를 옹호했다. 그는 회화가 조각만이 아니라, 시(詩)와 같은 다른 예술 형식과 비교해도 더 우월하다고 주장하며 '시각' 대 '청각'의 파라고네도 촉발시킨다. 그는 '회화는 시보다 우월하다'고 썼고, 그 근거로 눈, 즉 시각 자체의 우월성을 언급한다.

> 영혼의 창이라고 불리는 눈이야말로, 감각 중추가 자연의 무한한
> 업적을 가장 완전하고 풍부하게 감상할 수 있는 첫 번째 수단이
> 며, 귀는 둘째일 뿐이니, 이는 단지 눈으로 본 것을 들을 수 있기
> 때문에 귀하다.[69]
>
> - 레오나르도 다 빈치 -

레오나르도 다 빈치는 누구나 인정하는 천재지만, 그가 쓴 글은 다소 설득력이 떨어지는 것이 사실이다. 다만 우리는 이러한 논의가 일어난 사실 그 자체로부터, '감각'이 이전과 다르게 얼마나 높은 지위를 얻게 되었는지를 알 수 있다. '감각'은 '지성'과의 전투에서 어느 정도 승리를 거머쥔 이후, 감각 분과 간의 내전에 돌입하기에 이른 것이다. 르네상스의 예술가들은 이 전투의 선봉에 있었다.

그러나 회화와 조각 중 어떤 예술이 우월한가에 관한 논쟁이 지금의 우리에게 중대 사항으로 느껴지지 않는 것처럼, 그리고 아우구스티누스와 토마스 아퀴나스 중 누가 더 훌륭한 성자인지에 관한 논쟁이 의미가 없는 것처럼, 플라톤과 아리스토텔레스 중 누가 더 지적으로 옳았는지에 관한 논쟁 또한 무의미하다. 『아테네 학당』에서 두 사람은 명백한 경쟁 구도를 가지고 있지만, 두 사람은 상호 보완적이다. 긴 여정에서 인류는 머리를 들어 위를 바라보고 나아가지만, 때로는 허리를 숙여 아래도 굽어보아야 하기 때문이다.

---

69. Leonardo da Vinci, Paragone, 1500, reprinted in an English translation in Claire J. Farago, Leonardo Da Vinci's Paragone: A Critical Interpretation with a New Edition of the Text in the Codex Urbinas, Claire J. Farago, (Brill, 1992), p. 209

# 3장

# 프톨레마이오스

## CE. 100 - CE. 170

# 프톨레마이오스의 세계

지금까지 플라톤이 현대 과학, 특히 입자물리학에 가져다준 놀라운 빛을 살펴보았고, 아리스토텔레스가 우리에게 감각과 이성을 돌려주었다는 좋은 말들을 충분히 한 것 같으니, 이제는 플라톤과 아리스토텔레스가 만들어낸 그림자를 이야기할 차례인 것 같다. 암흑의 핵심으로 들어가려면, 『아테네 학당』에서 얼굴을 보여주지 않고 지구로 추정되는 구체를 들고 있는 사람, 소위 '프톨레마이오스'로 알려진 인물에게 주목해야 한다. 프톨레마이오스에게 드리워진 그림자는 무엇이었을까? 그가 인류사에 어떤 역할을 했기에, 라파엘로가 그에 손에 지구를 올려놓았을까? 이런 의문을 해소하려면, 프톨레마이오스부터 갈릴레이에 이르는 1500년간의 천문학적 투쟁을 살펴보아야 한다.

[그림 34] 돌아서 있어 얼굴을 알 수 없음에도, 그는 프톨레마이오스로 추정된다. 반대편의 검정 모자를 쓴 라파엘로만이 그가 정확히 누구인지 알 것이다.


## 프톨레마이오스의 지적 배경

이집트의 대도시 중 하나인 알렉산드리아는 고대에도 기념비적인 도시였다. 아리스토텔레스의 제자이기도 했던 알렉산드로스 대왕Alexander III of Macedon, BCE,356- BCE,323이 이집트와 그리스를 잇기 위해 계획한 이 대도시는 곧 당대 최고의 학문의 중심지가 되었는데, 이러한 명성은 도시 이름을 따서 지어진 알렉산드리아 도서관의 덕이 컸다. 비록 치사하고 비열한 방법을 동원하긴 했지만, 여기에는 기원전 3세기에 이미 40만 권이 넘는 문헌이 존재했던 것으로 알려져 있다.

알렉산드리아의 항구를 드나드는 모든 선박들도 싣고 있는 책이 있다면 전부 도서관에 내놓아야 했다. 도서관은 그 책들을 필사하고 목록을 만들었다. 책을 보낸 선박들은 대부분 몰수당한 원본 대신 필사본을 돌려받았다. 이 용의주도한 '수집'으로 알렉산드리아 도서관은 고대 문명세계에서 주축의 역할을 했다.[70]

『생각의 역사, 피터 왓슨』

알렉산드리아는 유클리드를 비롯하여 아리스타르코스Aristarchus, BCE, 310-BCE, 230, 에라토스테네스Eratosthenes, BCE, 276-BCE, 194, 히파르코스Hipparchus, BCE, 190-BCE, 120와 같은 매우 뛰어난 학자들의 무대이기도 했다. 아리스타르코스는 피타고라스학파와 함께 지동설을 주장했으며, 알렉산드리아 도서관의 책임자였던 에라토스테네스는 지구의 둘레를 추정하는 작업을 했다. 그가 추정한 값은 오늘날 측정한 지구의 둘레와 비교해 봐도 그럭저럭 나쁘지 않은 수준이었다.

히파르코스는 수학과 천문학, 지리학에 수많은 공헌을 한 인물이며 삼각법의 아버지로 추앙받는 인물이다. 그의 책은 그다지 많이 남아 있지 않지만, 다행스럽게도 그의 작업 대부분은 히파르코스의 제자 격인 프톨레마이오스를 통해 전해져 내려오고 있다. 따라서 어떤 사람들은 『아테네 학당』의 프톨레마이오스 맞은편에서 반짝이는 천구를 든 인물을 히파르코스로 추정하기도 한다. 이렇듯 프톨레마이오스는 자연스럽게 여러 거장의 문헌을 접할 수 있는 지적 배경 속에서 탄생했다.

## 하늘 아래의 세계

프톨레마이오스Claudius Ptolemy, 100-170는 기원후 2세기경 알렉산드리아에서 활약한 다방면에 관심을 가진 뛰어난 학자였다. 그는 히파르코스의 작업을 이어받아 구면삼각법을 완성하는 등 수학에 매우 해박했으며, 지리학에도 큰 관심을 가져 세계지도를 제작하기도 했다. 그리스 문명의 영향력과 지배력이 절정에 달한 헬레니즘 시대의 사람들은 지중해를 벗어나 세계로 눈을 돌리고 있었기 때문에,

---

70. 피터 왓슨, 생각의 역사 I: 불에서 프로이트까지, 남경태 역, (들녘, 2009), p. 268

지리학은 매우 인기 있는 학문이었다. 앞서 말한 에라토스테네스도 지리학 관련 책을 썼으며, 히파르코스는 위도와 경도의 개념을 고안했다. 그리고 이들의 뒤를 이은 프톨레마이오스는 『지리학Cosmographia』이라는 책을 집대성한다.

> 프톨레마이오스는 총 8권으로 된 『지리학』에서 지도 제작 방식을 설명하고 있다. 제1권 24장은 현존하는 저술로서 지구를 평면으로 옮기는 문제를 다룬 가장 오래된 저작이다. 『지리학』은 최초의 지도책이자 지명사전이었다. 8,000곳에 이르는 지역의 위도와 경도를 표시한 이 저작은 수백 년 동안 표준 참조 도서로서 권위를 가졌다.[71]
>
> 『수학사상사, 모리스 클라인』

프톨레마이오스의 『지리학』을 보면, 당시에도 세계에 관한 그리스인의 관념이 상당히 정교했음을 알 수 있다. 그러나 알렉산드리아의 과학은 헬레니즘 시대가 저물고 그리스도교가 발흥하면서 쇠퇴해버리고 만다. 초기 그리스도교는 낙원이 어디 있는가에 집착했으며, 예루살렘 중심의 세계지도를 그리는 등, 사실을 기술하는 역할로서의 지도가 아니라, 이데올로기로 기능하는 지도를 원했다.

하지만 그리스도교가 지리학에 언제나 나쁜 영향만을 끼친 것은 아니었다. 0년 이후의 그리스도교도는 '모든 민족'을 대상으로 포교 활동을 펼치는 것을 의무로 선언했고, 이에 새로운 지역을 탐험하고 그리스도를 모르는 이들에게 포교 활동을 펼치는 것은 미덕이 되었다. 또한 프톨레마이오스의 『지리학』을 역주행시켜 베스트셀러로 만든 사람은 추기경이었던 기욤 필라스트르Guillaume Fillastre, 1348-1428였다.

> 그러므로 너희는 가서 모든 민족을 제자로 삼아 아버지와 아들과 성령의 이름으로 세례를 베풀고...
>
> 『마태복음 28:19, 개역개정판』

이처럼 여러 상황이 맞물린 덕에 프톨레마이오스가 쓴 『지리학』은 출간된 지 1400년이 지났음에도 유럽에 대열풍을 일으켰다. 그런데 15세기의 사람들은 천

---

71. 모리스 클라인, 수학사상사 I, 심재관 역, (경문사, 2016), p.223

년도 전에 쓰인 책의 내용을 아무런 의심 없이 사실로 받아들였을까? 당연하게도 프톨레마이오스의 지리학에 나타난 지도는 오늘날 사실로 받아들여지는 세계지도에 비하면 훨씬 불완전하다. 특히 그는 지구 둘레를 실제 크기보다 훨씬 작게 추정하는 치명적인 실수를 저질렀다.

그러나 재밌는 점은 이 불완전한 정보가 오히려 긍정적인 측면을 낳았다는 사실이다. 지구의 크기가 작다는 관념은 다른 대륙을 여행하는 것이 현실적으로 불가능한 일이 아니라는 생각을 탐험가들에게 불러일으켰다. 에라토스테네스는 지구의 둘레를 25만 2천 스타디아 정도로 추정했으나, 학자 포시도니우스 Posidonius, BCE. 135-BCE. 51는 18만 스타디아라고 생각했다. 프톨레마이오스 또한 포시도니우스를 따라 지구 둘레를 18만 스타디아, 혹은 그 이하로 추정했기 때문에, 프톨레마이오스의 자료를 참고한다면 지구는 28.6%만큼 더 수월하게 탐험할 만한 일이 되는 셈이다.[72] 그리고 『지리학』의 애독자 중 한 명은 바로 크리스토퍼 콜럼버스 Christopher Columbus, 1451-1506였다.

세계 탐험이 본격화되면서, 보다 정확한 지도를 그려야 한다는 문제 인식도 태동했다. 지금도 쓰이는 위도와 경도의 격자선을 이용해 평면 형태의 세계지도를 나타내는 방법은 이미 1500년대의 뛰어난 지리학자인 메르카토르 Gerardus Mercator, 1512-1594가 완성했기에, 이 세계지도 제작법은 그의 이름을 딴 메르카토르 도법이라 불린다. 메르카토르의 지도 덕분에 항해는 훨씬 수월해졌다. 그도 콜럼버스와 마찬가지로 프톨레마이오스의 『지리학』을 아주 잘 알고 있었고, 프톨레마이오스의 영향을 받았을 것이란 정황적 증거가 있다. 이렇듯 프톨레마이오스는 사후 천년이 지나서도 인류의 세계관 확장에 막대한 영향력을 행사했으므로, 그를 헤라클레스의 기둥에 치명적인 균열을 낸 인물로 평가한다 해도 과장은 아닐 것이다.

---

72. '스타디온(복수형: 스타디아)'의 단위 환산은 다소 논쟁의 여지가 있다. 1 스타디온을 185m로 본다면 25만 2천 스타디아는 46,620km이다. 하지만 1 스타디온을 157m로 본다면 39,564km로, 실제 지구 둘레인 40,075km와 큰 차이가 나지 않는다. 에라토스테네스와 히파르코스, 프톨레마이오스 모두 지구의 둘레를 측정하고자 했다는 사실로부터, 0년 이전에도 지구가 둥근 구형이라는 것을 그들이 알고 있었다고 짐작할 수 있다.

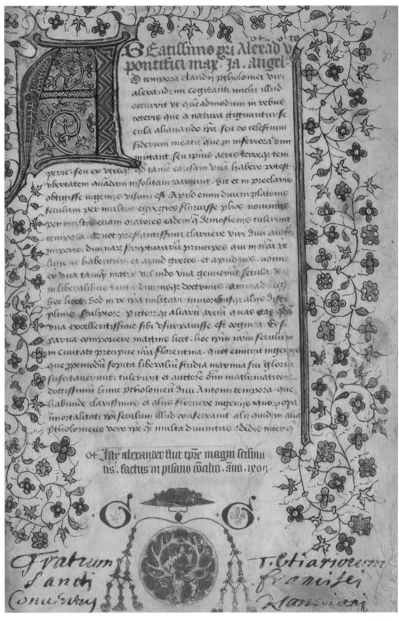

[그림 35] Claudius Ptolemy, Cosmographia, Latin trans. Jacopo D'Angelo, (Lienhart Holle, 1482), p.9. 『지리학』 라틴어판. 15세기 초 프톨레마이오스의 『지리학』 그리스 원고가 플로렌스에 도착하고, 자코포 단젤로가 이를 라틴어로 번역했다. 한때 이 책은 기욤 필라스트르의 소유였다.

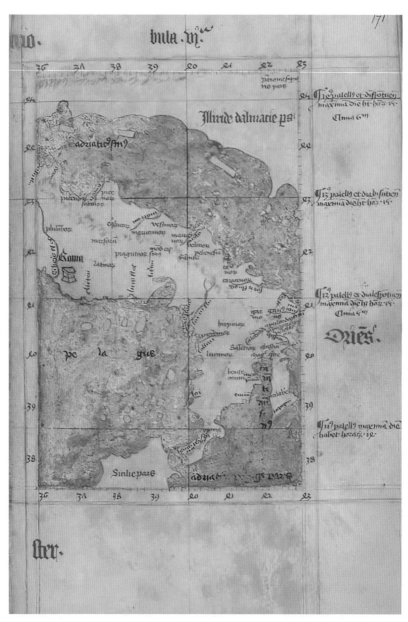

[그림 36] Claudius Ptolemy, Cosmographia, Latin trans. Jacopo D'Angelo, (Lienhart Holle, 1482), p. 349. 덴마크의 지리학자 클라우디우스 클라부스Claudius Clavus, 1388-?는 『지리학』에 27개 지도를 첨부했다.

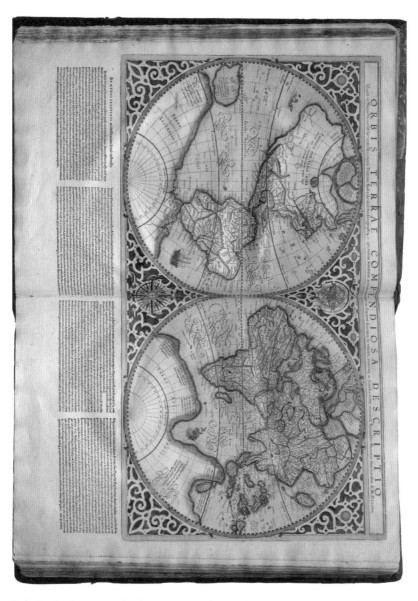

[그림 37] Gerhard Mercator et al., Atlas sive Cosmographicae meditationes de fabrica mvndi et fabricati figvra, (Dvisbvrgi Clivorvm, 1595), Library of Congress. 메르카토르 사후 출판된 책 일부. 메르카토르가 미완으로 남긴 것을 그의 아들이 마무리하여 출판했다. 우리가 일반적으로 떠올리는 2차원 세계지도는 그의 방식으로 그린 것이다. 메르카토르 도법은 적도 지방에서 극지방으로 갈수록 크기가 커지며 왜곡되는 단점이 존재한다. 따라서 실제 아프리카는 지도보다 더 크며, 아메리카는 지도보다 더 작다. 그렇지만 이 도법은 항로를 직선거리로 표현할 수 있는 장점이 존재한다.

# 하늘 위의 세계

프톨레마이오스가 하늘 아래에 존재하는 세계를 『지리학』으로 설명하고자 했다면, 하늘 위의 세계, 즉 우주의 법칙을 규명하고자 쓴 책도 있다. 그 책은 바로 『알마게스트Almagest』이다. 이 책은 『지리학』과 더불어 그를 인기스타로 만들어 준 베스트셀러였지만, 제목이 세 번이나 변하는 수난을 겪어야 했다. 최초에 이 책의 이름은 'Almagest'가 아니라 'Mathematke Syntaxis'였다. 이를 영어로 하면 'The Mathematical Arrangement'이고, 다시 한국어로 번역하면 '수학 모음' 정도로 말할 수 있다. 다만 여기에 기록된 프톨레마이오스의 수학 정리 수준은 최상급이었기 때문에, 사람들은 그의 모음집을 'Megiste', 즉 '최고'라고 불렀다.

하지만 앞서 이야기했듯, 유럽 세계가 그리스도교화 되면서 알렉산드리아를 비롯한 학문의 전당은 쇠락의 길을 걷게 되고, 설상가상으로 7세기 중반에 아랍 인들이 알렉산드리아를 점령한 터에, 알라의 뜻에 맞지 않는 책들은 모두 불타 버릴 위기에 처했다. 하지만 불행 중 다행히 아랍 사람들은 플라톤, 아리스토텔 레스, 프톨레마이오스 등의 거장이 쓴 책이 가진 가치를 알아보았다. 그 덕분에 공교롭게도 프톨레미이오스의 'Megiste'는 최고를 뜻하는 아랍어인 'Almagest'라 는 이름으로 탈바꿈하여 아랍 세계에서 명성을 날리게 된다.

그러나 가장 흥미로운 점은, 기독교로 인해 사라질 위기를 겪었던 『알마게스 트』가 몇 세기가 지나고 다시 유럽에 역수입되어 기독교적 세계관을 공고히 하 는 도구로 사용되었다는 것이다. 몇백 년 후에 중세가 프톨레마이오스의 『지리 학』에 열광한 것처럼 말이다.

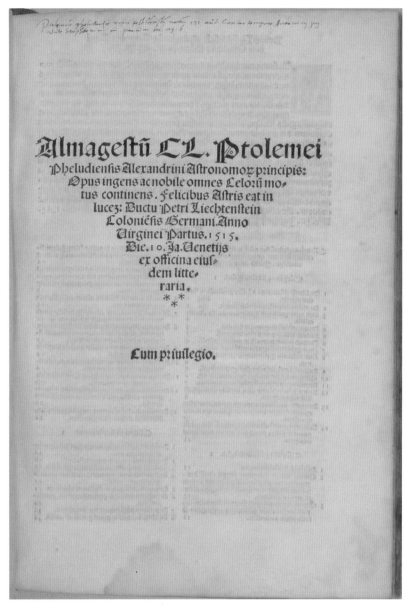

[그림 38] Claudius Ptolemy, Almagest, Latin trans. Gerard of Cremona, (Petrus Lichtenstein, 1515), Library of Congress. 크레모나의 게라르두스가 12세기에 아랍어로 쓰여진 『알마게스트』를 라틴어로 번역했고, 이를 기반으로 페트루스 리히텐슈타인이 1515년에 『알마게스트』를 출판한다. 가장 상단에 'Almagestu Cl. Ptolemei'라고 쓰인 글을 확인할 수 있다.

# 알마게스트, 최고의 책?

수학 정리를 모아놓은 책이 어떻게 기독교적 세계관을 강화하는 데 이용될 수 있다는 것인지 의문이 들 수도 있겠다. 그러니 바로 책의 내용을 살펴보도록 하자.

『알마게스트』는 총 13권으로 이루어진 방대한 저작으로, 기하학적 도형과 수많은 숫자가 적힌 테이블로 가득하다. 만약 여러분이 중학교 시절 수학에 관심을 가진 학생이었다면, 프톨레마이오스의 책에 있는 내용 한 가지는 확실히 눈에 들어올 것이다. 그 내용은 『알마게스트』 1권 10장에 있는 '프톨레마이오스의 정리', 혹은 '톨레미의 정리'인데, 이 부분을 읽고, 지난 시절에 가졌던 수학의 열정을 상기해 보는 것도 좋겠다.

---

*[프톨레마이오스의 정리]*

*원에 내접하는 사각형의 두 대각선의 길이의 곱은 두 쌍의 대변의 길이의 곱의 합과 같다.*

---

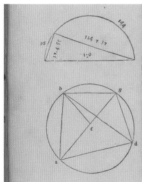

[그림 39] Claudius Ptolemy, Almagest, Latin trans. Gerard of Cremona, (Petrus Lichtenstein, 1515), Library of Congress, I, 10. 프톨레마이오스는 『알마게스트』 I, 10장에서 AG×BD = AB×DG + AD×BG임을 증명해낸다. 이것은 '프톨레마이오스의 정리'로 불린다. 책에 보이는 현대 알파벳 표기는 나중에 추가된 것이다.

프톨레마이오스의 정리는 매우 유명하지만, 이 정리는 그가 『알마게스트』에서 보여주는 알렉산드리아 기하학의 정수 중 극히 일부에 불과하다. 수많은 기하학적 도형과 그에 따른 증명, 숫자로 가득한 도표로 무장한 이 책이 궁극적으로 성취하고자 한 것은, 바로 우주의 운동을 기하학적으로 규명하는 것이었다. 그는 선배 천문학자였던 히파르코스가 기록한 행성의 움직임과 자신의 관찰 데이터를 종합해 행성의 운동을 설명하는 수학적 모델을 구상했다. 『알마게스트』를 보면 프톨레마이오스가 우주의 기하학적 모델을 고안하기 위해 얼마나 많은 작업을 했는지 놀랄 것이다. 또한 책에서 프톨레마이오스는 선배 천문학자인 히파르코스가 왜 천체의 수학적 모델을 만들지 못했는지 언급하는데, 그에겐 아마 자료가 부족했을 것이라는 결론을 내리며 히파르코스에게 따뜻한 격려를 건네는 한편, 자신의 저작에서 성취한 수학적 모델을 은근히 자랑하는 센스도 가지고 있었다.

> 진리를 사랑한 사람인 히파르코스는 위에서 설명한 모든 이유로
> 인해, 그리고 그가 우리에게 제공해 왔던 정확한 관찰을 토대로
> 한 자료들을 가지지 못했다. 그가 태양과 달의 이론을 연구하고
> 최선을 다해 통일된 원형 운동을 제시하고자 했지만, 적어도 우리
> 에게 전해진 그의 저작에서는 다섯 개의 행성에 관한 이론의 확립
> 조차 하지 못하였다.[73]
>
> 『알마게스트, 프톨레마이오스』

책을 대략 살펴보면, 그는 상당히 과학적인 접근을 하는 것처럼 보인다. 프톨레마이오스는 수많은 기하학적 도식과 데이터를 제시하며, 지구가 고정되어 있고 다른 행성들은 지구에서 살짝 벗어난 중심을 가진 원, 다시 말해 이심원을 따라 움직이고 있다고 주장한다. 또한 이심원 위에 놓인 행성들은 다시 작은 원, 즉 주전원을 그리면서 이심원을 따라 이동한다고 설명한다. 하지만 불행하게도, 이 체계는 근본적으로 옳을 수가 없었다. 관측 결과를 아리스토텔레스의 '지구 중심적' 발상과 '원'이라는 운동에 끼워 맞추기 위해 고안한 것이기 때문이었다. 프톨레마이오스의 우주 체계에는 '원'이라는 플라톤적 관념이 포함되어 있지만, 그 원들은 너무나 난잡하게 들어차 있어서 그다지 아름답게 보이지도 않는다.

---

73. Ptolemy, Almagest, trans. G. J. Toomer, (Duckworth, 1984), IX, 2, H210

¶ Tabula motuum ſtellarum quinqꝫ mediorum longitudinis et diuerſitatis.

¶ Motus Mercurij in annis expanſis et horis longitudinis et diuerſitatis.

☿ ☿

| Anni expāſi. | ¶ Longitudo. ptes | m̄ | 2̄ | 3̄ | 4̄ | 5ª | 6ª | ¶ Diuerſitas. ptes | m̄ | 2̄ | 3̄ | 4̄ | 5ª | 6ª |
|---|---|---|---|---|---|---|---|---|---|---|---|---|---|---|
| 1 | 359 | 45 | 24 | 45 | 21 | 8 | 35 | 53 | 56 | 42 | 32 | 32 | 59 | 10 |
| 2 | 359 | 30 | 49 | 30 | 42 | 17 | 10 | 107 | 53 | 25 | 5 | 5 | 58 | 20 |
| 3 | 359 | 16 | 14 | 16 | 3 | 25 | 45 | 161 | 50 | 7 | 37 | 38 | 57 | 30 |
| 4 | 359 | 1 | 39 | 1 | 24 | 34 | 20 | 215 | 46 | 50 | 10 | 11 | 56 | 40 |
| 5 | 358 | 47 | 3 | 46 | 45 | 42 | 55 | 269 | 43 | 32 | 42 | 44 | 55 | 50 |
| 6 | 358 | 32 | 28 | 32 | 6 | 51 | 30 | 323 | 40 | 15 | 15 | 17 | 55 | 0 |
| 7 | 358 | 17 | 53 | 17 | 28 | 0 | 5 | 17 | 36 | 57 | 47 | 50 | 54 | 10 |
| 8 | 358 | 3 | 18 | 2 | 49 | 8 | 40 | 71 | 33 | 40 | 20 | 23 | 53 | 20 |
| 9 | 357 | 48 | 42 | 48 | 10 | 17 | 15 | 125 | 30 | 22 | 52 | 56 | 52 | 30 |
| 10 | 357 | 34 | 7 | 33 | 31 | 25 | 50 | 179 | 27 | 5 | 25 | 29 | 51 | 40 |
| 11 | 357 | 19 | 32 | 18 | 52 | 34 | 25 | 233 | 23 | 47 | 58 | 2 | 50 | 50 |
| 12 | 357 | 4 | 56 | 4 | 13 | 43 | 0 | 287 | 20 | 30 | 30 | 35 | 50 | 0 |
| 13 | 356 | 50 | 21 | 49 | 34 | 51 | 35 | 341 | 17 | 13 | 3 | 8 | 49 | 10 |
| 14 | 356 | 35 | 46 | 34 | 56 | 0 | 10 | 35 | 13 | 55 | 35 | 41 | 48 | 20 |
| 15 | 356 | 21 | 11 | 20 | 17 | 8 | 45 | 89 | 10 | 38 | 8 | 14 | 47 | 30 |
| 16 | 356 | 6 | 36 | 5 | 38 | 17 | 20 | 143 | 7 | 20 | 40 | 47 | 46 | 40 |
| 17 | 355 | 52 | 0 | 50 | 59 | 25 | 55 | 197 | 4 | 3 | 13 | 20 | 45 | 50 |
| 18 | 355 | 37 | 25 | 36 | 20 | 34 | 30 | 251 | 0 | 45 | 45 | 54 | 45 | 0 |

| hore | ¶ Longitudo. | | | | | | | ¶ Diuerſitas. | | | | | | |
|---|---|---|---|---|---|---|---|---|---|---|---|---|---|---|
| 1 | 0 | 2 | 27 | 50 | 43 | 3 | 1 | 0 | 7 | 46 | 0 | 17 | 28 | 59 |
| 2 | 0 | 4 | 55 | 41 | 26 | 6 | 2 | 0 | 15 | 32 | 0 | 34 | 57 | 59 |
| 3 | 0 | 7 | 23 | 32 | 9 | 9 | 3 | 0 | 23 | 18 | 0 | 52 | 26 | 59 |
| 4 | 0 | 9 | 51 | 22 | 52 | 12 | 5 | 0 | 31 | 4 | 1 | 9 | 55 | 58 |
| 5 | 0 | 12 | 19 | 13 | 35 | 15 | 6 | 0 | 38 | 50 | 1 | 27 | 24 | 58 |
| 6 | 0 | 14 | 47 | 4 | 18 | 18 | 7 | 0 | 46 | 36 | 1 | 44 | 53 | 57 |
| 7 | 0 | 17 | 14 | 55 | 1 | 21 | 9 | 0 | 54 | 22 | 2 | 2 | 22 | 57 |
| 8 | 0 | 19 | 42 | 45 | 44 | 24 | 10 | 1 | 2 | 8 | 2 | 19 | 51 | 57 |
| 9 | 0 | 22 | 10 | 36 | 27 | 27 | 11 | 1 | 9 | 54 | 2 | 37 | 20 | 56 |
| 10 | 0 | 24 | 38 | 27 | 10 | 30 | 12 | 1 | 17 | 40 | 2 | 54 | 49 | 56 |
| 11 | 0 | 27 | 6 | 17 | 53 | 33 | 14 | 1 | 25 | 26 | 3 | 12 | 18 | 55 |
| 12 | 0 | 29 | 34 | 8 | 36 | 36 | 15 | 1 | 33 | 12 | 3 | 29 | 47 | 55 |
| 13 | 0 | 32 | 1 | 59 | 19 | 39 | 16 | 1 | 40 | 58 | 3 | 47 | 16 | 54 |
| 14 | 0 | 34 | 29 | 50 | 2 | 42 | 18 | 1 | 48 | 44 | 4 | 4 | 45 | 54 |
| 15 | 0 | 36 | 57 | 40 | 45 | 45 | 19 | 1 | 56 | 30 | 4 | 22 | 14 | 54 |
| 16 | 0 | 39 | 25 | 31 | 28 | 48 | 20 | 2 | 4 | 16 | 4 | 39 | 43 | 53 |
| 17 | 0 | 41 | 53 | 22 | 11 | 51 | 21 | 2 | 12 | 2 | 4 | 57 | 12 | 53 |
| 18 | 0 | 44 | 21 | 12 | 54 | 54 | 23 | 2 | 19 | 48 | 5 | 14 | 41 | 52 |
| 19 | 0 | 46 | 49 | 3 | 37 | 57 | 24 | 2 | 27 | 34 | 5 | 32 | 10 | 52 |
| 20 | 0 | 49 | 16 | 54 | 21 | 0 | 25 | 2 | 35 | 20 | 5 | 49 | 39 | 52 |
| 21 | 0 | 51 | 44 | 45 | 4 | 3 | 27 | 2 | 43 | 6 | 6 | 7 | 8 | 51 |
| 22 | 0 | 54 | 12 | 35 | 47 | 6 | 28 | 2 | 50 | 52 | 6 | 24 | 37 | 51 |
| 23 | 0 | 56 | 40 | 26 | 30 | 9 | 29 | 2 | 58 | 38 | 6 | 42 | 6 | 50 |
| 24 | 0 | 59 | 8 | 17 | 13 | 12 | 31 | 3 | 6 | 24 | 6 | 59 | 35 | 50 |

**[그림 40]** Claudius Ptolemy, Almagest, Latin trans. Gerard of Cremona, (Petrus Lichtenstein, 1515), Library of Congress. 그의 책에는 달, 토성, 목성, 화성, 금성, 수성의 움직임을 정리한 방대한 표가 존재한다.

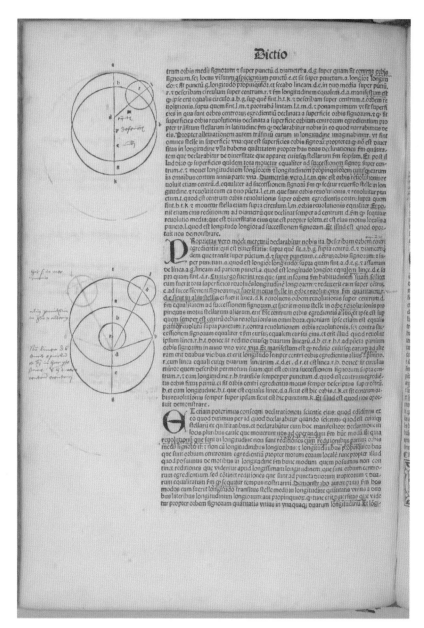

trum oxbis medii signoxum τ super puncti d.diametri a.d.g super quam sit contra oxbis signoxum.seʒ locus visuum aspicientium puncti.e.et sit super punctum.a.longioʒ longitudois sit puncti g.longitudo propinquioʒ.et secabo lineam.d.e.super puncti, r.τ describam circulum super centrum.r.τ sm longitudinem equalem.d.a.manifestum est ʒ ipse erit equalis circulo.a.b.g.sup que sint.h.t.k.τ describam super centrum.t.oxbem re uolutionis supra quem sint.l.m.τ protrahaʒ lineam.l.t.m.d.ʒ ponam primum ut sit superfi cies in qua sunt oxbes centroʒus egredientiu declinata a superficie oxbis signoxum.τ ʒ sit superficies oxbis reuolutionis declinata a superficie oxbium centroxum egredientium pro pter transitum stellarum in latitudine sm ʒ declarabitur nobis in eo quod narrabimus de eis.Propter alienationem autem transitus earum in longitudine imaginabimur, ut sint omnes stelle in superficie vna:que est superficies oxbis signoxum:propterea ʒ non est diuer sitas in longitudine vlla habens quantitatem propter has duas occlinationes sm quantitatem que declarabitur de diuersitate que apparet cuiusʒ stellarum sm seipsam.Et post il lud dico ʒ superficies quidem tota mouetur equaliter ad succestionem signoʒ super cen trum.e.τ mouet longitudinem longiorem τ longitudinem propinquiorem cuiusʒ earum in omnibus centum annis parte vna.Diametri vero.l.τ.m.que est oxbis reuolutionis re noluit etiam centru.d.equaliter ad succestionem signoti sm ʒ sequit reuersio stelle in lon gitudine.τ reuoluit cum a duo pucta.l.et.m.que sunt oxbis reuolutionis.τ reuoluitur pun ctum.τ.quod est centrum oxbis reuolutionis super oxbem egredientis contra:supra quem sint.b.t.k.τ mouetur stella etiam supra circulum.l.m.oxbis reuolutionis equaliter.Et po nit etiam cuius redditionem ad diametru que declinat semper ad centrum.d.sm ʒ sequitur reuolutio media:que est diuersitatis eius que est propter solem.et est eius motus localis a puncta.l.quod est longitudo longior ad succestionem signoxum.Et illud est quod opor tuit nos demonstrare.

Proprietas vero modi mercurii declarabitur nobis ita.Describam oxbem centri egredientis:qui est diuersitatis.τ lineam que sit.a.b.g.supra centru d.τ diametru dem que transit super puctum.d.τ super punctum.e.et tru oxbis signoxum:τ li per punctum.a.quod est longioʒ longitudo:supra quam sint a.d.e.g.τ assumam de linea.a.g.lineam ad parte puncti.a.quod est longitudo longior equalem linee.d.e.in pra quam sint.d.r.Et si ergo fuerint res que sunt in linea sm habitudinem suam:sciliet cum fuerit tota superficie reuolutio longitudine longiorem:τ reduceret eam super cetra. c.ad succestionem signoxum:et super oxbem reuolutionis sm quantitatem que.d.e.sicut in alio stelle:et fuerit in linea.d.k reuolutio oxbem reuolutionis super centrum.d. sm equalitatem ad succestionem signoxum.et fuerit motus stelle in oxbe reuolutionis pro pinquem motui stellarum aliarum.erit sic centrum oxbis egredientis a loge:et ipse est sub quem semper est centru oxbis reuolutionis in omni boxa.quoniam ipse etiam sit equalis paritoʒ reuoluti supra punctum.r.contra reuolutionem oxbis reuolutionis.seu contra suc cessionem signoxum equaliter.τ sm curius:equalem curtui eius.et erit illud quod reuoluit ipsum linea.r.b.τ donec sit reditio cuiusʒ duarum linearum.d.b.et.r.b.τ ad pucta partium oxbis signoxum in anno vno.Et manifestum est ʒ reditio cuiusʒ earum que earum ad diste ram erit duabus vicibus.et erit longitudo semper centri oxbis egredientis alius τ alterius. r.cum linea equali cuiʒ duarum linearum .e.d.et. d.r.et est linea.r.b. donec sit circulus mino: quem describit per motum suum:qui est contra succestionem signoxum supra cen trum.r.τ cum longitudine.r.b.transit semper per punctum.d.quod est centrum egredien tis oxbis fixti primi..et sit oxbis centri egredientis motus semper descriptus super cetra. b.et cum longitudine.b.τ sit equalis linee.d.a.sicut est hic oxbis.t.k.et sit centrum a bis reuolutionis semper super ipsum sicut est hic punctum.k.Et illud est quod nos opor tuit demonstrare.

Et etiam poterimus consequi declarationem scientie eius: quod addiimus et eo quod fecimus et id quod declarabitur quando scimus:quod est cuius stellarum et qualitatibus.et declarabitur cum hoc manifestioʒe declarationem in locis pluribus causa que mouerunt nos ad comprandum sm huc modis.Et quia reuolutioni que sunt in longitudine non sunt redditiones cum redditionibus partis oxbis medii signoxum:τ non cum longitudinibus longioxibus:τ longitudinibus propinquioʒibus:hec que sunt oxbium centroxum egredientiu propter motum eoxum locale tunc propter illud quod possumus de motibus in longitudine sm hunc modum:quem possumus non con tinet redditiones que videntur apud longissimam longitudinem.que sunt oxbium centro rum egredientium.sed cotinet redditiones que sunt ad puncta duoxum tropicoxum τ dua rum equalitatum sm ʒ sequitur tempus nostri anni.Demonstrabo autem prius sm hos modos cum fuerit longitudo transitus stelle medii in longitudine quatituate vnius a duo bus lateribus longitudinum longioxum:aut propinquioʒ.qi tunc erit quantitas que vide tur propter oxbem signoxum quatitatis vnius in vnaquaʒʒ duarum longitudinu.Et logi

[그림 41] Claudius Ptolemy, Almagest, Latin trans. Gerard of Cremona, (Petrus Lichtenstein, 1515), Library of Congress. 행성의 운동을 설명하기 위해 삽입된 그림. 이심원과 주전원을 확인할 수 있다.

117

흥미로운 사실은 프톨레마이오스가 복잡한 행성의 모델을 구상하긴 했으나, 현상을 설명하는 가장 단순한 모델이 필요함을 인식했다는 점이다.

> 대신에, 우리는 가능한 한 더 단순한 가설을 천체의 운동에 맞추려고 노력해야 한다. 그러나 이 시도가 성공하지 못한다면, 우리는 가장 적합한 가설을 적용해야 한다.[74]
>
> 『알마게스트, 프톨레마이오스』

그의 말은 현대 과학이 추구하는 기본적인 태도인 '오컴의 면도날'을 떠올리게 한다. 어떤 현상을 설명할 때, 가능한 단순한 설명을 선택하고, 불필요한 것들은 면도날로 잘라내야 한다고 오컴William of Ockham, 1285-1347은 말했다. 프톨레마이오스는 이런 '단순함'을 그의 책에서 강조하긴 했지만, 너무나도 무딘 면도날을 가지고 있었던 것 같다. 그가 이심원을 생각했을 때, 이미 지구가 세계의 중심이 아니라는 것을 자인한 셈이 아닐까? 이 사실을 받아들였다면 굳이 아리스토텔레스처럼 지구를 세계의 중심이라고 생각할 필요가 없었을 것이다. 또한 천체가 완벽한 원운동을 해야 한다는 관념을 버렸다면, 원에 또 다른 원을 덧붙이는 작업 따위도 하지 않았을지 모른다. 지구 중심의 사고체계와 완벽한 원, 이 관념이 바로 아리스토텔레스와 플라톤이 천문학에 남긴 길고 긴 그림자 중 하나였다.

---

74. Ptolemy, Almagest, Trans. G. J. Toomer, (Duckworth, 1984), XIII, 2, H532

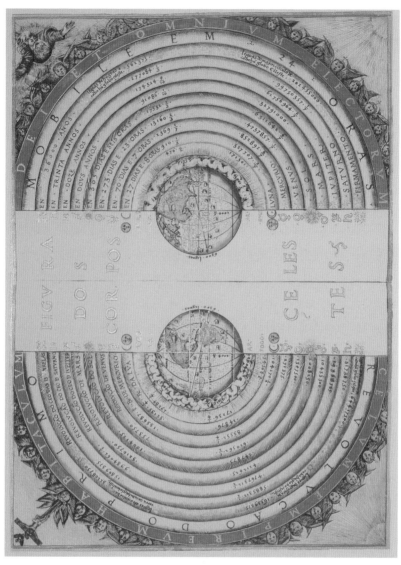

[그림 42] Bartolomeu Velho, Cosmographia, (1568), Bibliothèque nationale de France, Paris. 16세기 포르투갈 지도 제작자가 그린 천구의 형태에서 프톨레마이오스의 우주관을 확인할 수 있다. 행성은 가운데(지구)에서부터 순서대로 달LVNA, 수성MERCVRIO, 금성VENVS, 태양SOL, 화성MARS, 목성IVPITER, 토성SATVRNO, 궁창FIRMAMENTO의 순서로 배열되어 있다.

따라서 프톨레마이오스가 듣는다면 분명 섭섭해하겠지만, 그가 힘겹게 고안해낸 복잡한 체계의 세부 사항을 우리가 알 필요는 없다. 현대를 사는 우리들은 지구가 고정되어 있지 않으며, 지구를 비롯한 여러 행성들이 타원 형태를 그리며 태양을 돈다고 배우므로, 프톨레마이오스의 전제 자체가 틀렸다는 것을 알기 때문이다. 하지만 이러한 상식을 모른 채, 만약 플라톤 사상에 심취해있는 사람이 프톨레마이오스의 책을 본다면, 흔히 '천동설'이라 불린 그의 이론을 믿고 싶은 생각이 들 것이다. 『알마게스트』는 방대한 데이터와 꽤 믿음직한 기하학적 증명으로 가득하기 때문이다. 그러므로 우린 프톨레마이오스가 틀렸다고 해서, 프톨레마이오스와 그의 이론을 믿었던 사람들을 비난할 수 없다. 적어도 프톨레마이오스는 현상을 관찰하고, 그에 맞는 기하학적, 수학적 모델을 찾기 위해 부단히 노력한 사람이었으며, 그가 제시한 천동설은 관측 도구와 정보가 턱없이 부족했던 시기에 난해해 보이는 천문 현상을 해석하는 최선의 방식이었다고 보아야 한다. 그러니 잘못된 지식이 우리를 얼마나 위험한 곳으로 인도했는가에 관한 심각한 혐의만 제외한다면, 프톨레마이오스에게 면죄부 한 장 정도는 주어도 괜찮을 것 같다.

프톨레마이오스 이전에는 아리스타르코스가 태양이 고정된 채 지구가 움직이고 있다는 지동설을 주장하긴 했지만, 지동설을 관철하기 위해 반드시 해결해야만 하는 문제들에 관해 아리스타르코스는 그럴싸한 답변을 내놓을 수 없었다. 게다가 지동설이 정합성 있는 설명력을 갖추었다 해도, 아리스토텔레스의 권위와 가톨릭의 종교재판을 뛰어넘어야 했다.

> 아리스타르코스는 올바른 생각을 하고 있었지만 여러 이유에서 그의 주장은 받아들여지지 않았다. 첫째로, 그리스 시대의 역학으로는 움직이는 지구에 물체가 그대로 머물러 있는 이유를 설명하지 못했다. 아리스토텔레스에 따르면 무거운 물체는 우주의 중심으로 향하려는 성질이 있다. 그 원리 때문에 물체는 우주 중심을 점하고 있는 지구로 떨어진다. 그런데 지구가 움직이면 물체는 뒤

에 남게 될 터였다.[75]

『수학사상사, 모리스 클라인』

그러므로 아리스토텔레스는 천문학에 매우 큰 해악을 끼친 인물로 지목당할 수밖에 없다. 아리스토텔레스는 '달의 궤도 아래에 놓여 있는 모든 물체들은 생성되고 소멸하며, 하늘에 있는 모든 물체들은 절대 바뀌거나 새롭게 생기거나 상하지도 않으므로, 이들은 완전히 다르다[76]'는 이론을 펼쳤다. 또한 운동에는 원운동과 직선운동, 그리고 이 둘이 섞인 운동의 세 가지가 존재하고 원운동은 직선운동보다 완벽하다는 기묘한 주장을 펼치기도 했다. 이러한 아리스토텔레스의 해괴한 논리를 논박하기 위해, 갈릴레이가 파문의 위험을 감수하고 소신 발언을 하고 나서야, 비로소 인류는 프톨레마이오스의 천동설과 아리스토텔레스의 운동관에서 탈출하는 기반을 겨우 마련할 수 있었다.

75. 모리스 클라인, 수학사상사 I, 심재관 역, (경문사, 2016), p. 215
76. 갈릴레오 갈릴레이, 대화, 이무현 역, (사이언스북스, 2016), p. 21

# 천동설 대 지동설 _____

프톨레마이오스의 시대에 마가복음의 저자인 마가가 그리스도교를 알렉산드리아에 알린 것으로 기록되어 있긴 하지만, 당시 그리스도교는 비주류였기에 프톨레마이오스가 그리스도교도일 가능성은 낮은 것 같다. 또한 프톨레마이오스가 기독교도였다면 그의 저서에 어떠한 방식으로든 드러나지 않았을까? 따라서 프톨레마이오스가 그리스도교적 신앙을 갖고 지구 중심의 우주관을 만든 것이 아님은 꽤 확실하다. 그렇지만 지구 중심설, 즉 천동설은 가톨릭 사상과 매우 잘 이울렸기 때문에 그의 천동설은 사후 1400년간 가톨릭 사상을 수호했다. 그러나 16세기부터 태양 중심의 우주관이 맞다는 유언비어가 퍼지기 시작하자, 가톨릭교회는 그 대응으로 1610년에 태양 중심설을 이단으로 선언했다.

## 우주의 중심은 어디인가?

프톨레마이오스의 이론과 대비되는 태양 중심의 우주관인 지동설은 이미 1515년경에 학자들 사이에서 어느 정도 알려져 있었다고 여겨지지만, 니콜라우스 코페르니쿠스Nicolaus Copernicus, 1473-1543의 『천구의 회전에 관하여De Revolutionibus Orbium Coelestium』라는 책이 출판되면서 지동설 대 천동설 논쟁이 본격적으로 불붙기 시작했다. 코페르니쿠스는 종교재판에 끌려가지 않을 정도로 현명했기 때문에, 이 책은 그가 사망하기 직전인 1543년에 출판되었다. 천 년이 넘게 존속했던 천동설의 왕좌를 탈취할 새로운 이론을 만든 것 치고 소심한 편이기 때문이었을까?

코페르니쿠스의 지동설은 당시에 그다지 성공을 거둘 수 없었다. 가톨릭의 부패에 강력하게 대응했던 종교 개혁가 마르틴 루터는 코페르니쿠스의 지동설을 놓고 다음과 같이 말했다고 전해진다.

---

*어떤 사람이 수레나 배에 타 놓고 자신은 가만히 있는데도 지구와 나무가 걷는다고 주장하는 것처럼, 하늘과 태양, 달이 움직이는 것이 아니라 지구가 움직인다고 증명하기를 원하는 한 점성술사의 말이 있다. 그 바보는 천체물리학을 완전히 뒤집길 원하지만, 성 여호수아는 지구가 아니라 태양에게 지시를 내렸다.*

*- 마르틴 루터 -*

---

이는 당대에 가장 진보적인 생각을 가진 신앙인조차 천문학의 새로운 발견을 받아들이기 얼마나 힘들어했는지를 보여주는 사례이다. 물론 이들이 그런 반응을 보일 수밖에 없었던 나름의 이유는 존재한다. 루터가 말한 대로 성경에는 여호수아가 태양에게 지시를 내렸다고 기록되어 있기 때문이다. 따라서 그들에게 태양이 영원히 멈춰 있고 지구가 돈다는 것을 설득하기란 불가능에 가까웠다.

여호와께서 아모리 사람을 이스라엘 자손에게 붙이시던 날에 여호수아가 여호와께 고하되 이스라엘 목전에서 가로되 태양아 너는 기브온 위에 머무르라 달아 너도 아얄론 골짜기에 그리할찌어다 하매 태양이 머물고 달이 그치기를 백성이 그 대적에게 원수를 갚도록 하였느니라 야살의 책에 기록되기를 태양이 중천에 머물러서 거의 종일토록 속히 내려가지 아니하였다 하지 아니하였느냐.

『여호수아 10:12-10:13, 개역한글판』

그런데 사실 우주의 중심은 프톨레마이오스와 아리스토텔레스가 주장한 것처럼 지구도 아니고, 코페르니쿠스가 주장한 태양도 아니며, 태양이 속한 은하도 아니다. 현대 과학이 밝힌 우주는 마치 풍선처럼 모든 지점을 중심으로 팽창하고 있다. 이래서야 우주의 중심 따위는 아무런 의미가 없다. 그러나 이런 과학적 사실이 우리가 소중하지 않다고, 우리는 아무것도 아니라고 말하며, 인간의 존재 가치를 격하시키는 것은 아니다. 하지만 라파엘로의 시대엔 그렇지 않았다. 신은 인간을 매우 특별한 존재로 여기고 있으며, 그렇기에 우주의 중심에 인간이 놓여있어야 한다고 생각했던 것일까. 지구가 우주의 중심이 아니라는 말은, 신이 우리를 특별하게 생각하지 않는다는 말처럼 들렸다.

사실 코페르니쿠스의 모델은 관측의 측면에서도 프톨레마이오스의 천동설보다 더 좋은 성과를 거두지 못했다. 코페르니쿠스는 행성의 궤도를 원으로 가정했고, 행성 궤도의 중심에 태양이 있으며, 행성이 동일한 속도로 태양 주변을 돌고 있다고 생각했다. 그런데 이것은 모두 틀린 가정이다. 실제 행성의 궤도는 타원이며, 태양은 타원의 중심에서 벗어난 초점에 있으며, 행성은 동일한 속도로 움직이지 않는다. 그러나 코페르니쿠스의 시대를 지나면 실제 관측을 설명하기 위해 천동설 이론에 도입해야 하는 원은 77개가 되는 지경에 이르렀기에, 코페르니쿠스가 제안한 이론의 단순함은 꽤 매력이 있었다. 프톨레마이오스가 강조했던 이론의 검약성을 몸소 실천한 사람은 재밌게도 그와 정반대의 이론을 내세웠던 코페르니쿠스였다.

[그림 43] Nicolaus Copernicus, De Revolutionibus Orbium Coelestium, (Johannes Petreius, 1543), Jagiellonian Library, Kraków. 「천구의 회전에 관하여」에 수록된 태양 중심의 세계관 삽화. 정 가운데에 'SOL', 즉 '태양'이 놓여 있으며, 그 바깥으로 수성, 금성, 지구, 화성, 목성, 토성이 잘 배열되어 있다.

천동설의 문제들이 부각되면서, 코페르니쿠스 이후로 더 나은 우주의 모델을 만들기 위한 여러 시도와 발전이 연달아 이루어졌다. 천문학자 튀코 브라헤 Tycho Brahe, 1546-1601는 달이 지구를 돌고 행성들이 태양을 돌지만, 태양은 지구를 도는 기묘한 타협 모델을 만들었다. 그의 우주 모델은 비록 틀리긴 했으나, 튀코 브라헤가 수행한 관측의 양과 정확도는 타의 추종을 불허했기에 양질의 데이터가 후대로 넘겨졌다.

튀코 브라헤의 계보를 이은 사람은 요하네스 케플러<sub></sub>Johannes Kepler, 1571-1630로, 그는 코페르니쿠스 이론의 옹호자였다. 케플러는 전임자들보다 큰 진전을 이루어 냈는데, 바로 원을 포기하고 행성의 궤도에 '타원'을 도입한 것이었다. 하지만 케플러는 5개의 플라톤 입체와 구를 이용한 내접과 외접을 행성의 배치와 연관시키려는 아주 기묘한 노력을 기울였다. 플라톤의 망령이 그를 사로잡고 있었기 때문일 것이다.

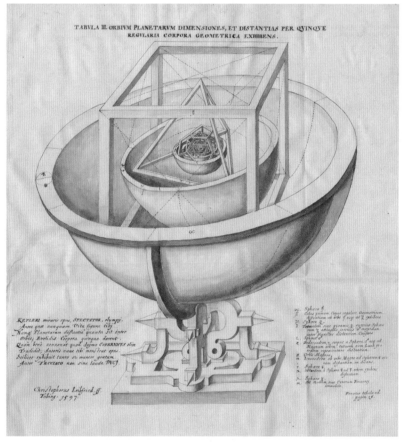

[그림 44] Johannes Kepler, Mysterium Cosmographicum, (Georgius Gruppenbachius, 1596), Brigham Young University, Utah. 케플러의 책 『우주의 신비』Mysterium Cosmographicum에 등장하는 행성 모델. 당시 알려진 행성은 6개였고, 플라톤 입체는 5개이므로 케플러는 행성들 사이에 플라톤 입체를 배치하여 행성의 궤도를 설명하려 했다. 그는 실제로 이 모형을 제작하려 했으나 비용 문제로 실패했고, 가설이 관측과 맞지 않아 결국 생각을 포기한다. 이러한 사건으로부터 플라톤 철학이 천문학에도 얼마나 깊이 침투했는지 가늠해 볼 수 있다.

> 나는 하느님이 우주를 창조하고 우주의 질서를 다스리는 데 있어,
> 피타고라스와 플라톤의 시대부터 알려진 다섯 개의 기하학적 정
> 다면체를 고려하셨으며, 하느님이 그들의 크기, 개수, 비율, 그리고
> 그들의 움직임의 관계에 따라 우주를 구성하셨다는 것을 믿는다.[77]
>
> 『우주의 신비, 요하네스 케플러』

코페르니쿠스, 튀코 브라헤, 요하네스 케플러와 같은 천문학자들은 깊은 신앙심을 가진 사람들이었다. 이들은 신학의 전복이 아니라, 그저 우주의 올바른 모델을 원할 뿐이었다.

## 갈릴레이의 대화

코페르니쿠스는 종교재판을 받았고, 튀코 브라헤와 케플러 또한 이단의 낙인을 피하고자 조심스러운 입장을 취해야 했지만, 천체 관측과 이론이 진일보하고 지동설에 유리한 증거들이 쌓여가자 지동설을 무시하기란 매우 어려워졌다. 게다가 이단과 파문의 압박에 굴하지 않으며, 앞선 어떤 천문학자들보다도 도발적인 사람이 있었으니, 그의 이름은 갈릴레오 갈릴레이Galileo Galilei, 1564-1642였다.

갈릴레이가 쓴 책과 그가 개발한 망원경은 프톨레마이오스와 아리스토텔레스의 지구 중심 이론에 최후의 일격을 가했다고 평가된다. 갈릴레이는 30배 확대 가능한 고성능의 망원경을 직접 제작해 천체 관측을 시도했으며, 이를 통해 목성 주변을 공전하는 위성을 발견했다.[78] 이 관찰은 얼핏 보면 지동설과 관련이 없어 보이지만, 목성의 위성이 존재한다는 사실 자체가 지구를 중심으로 모든 천체들이 회전한다는 기존의 논리에 균열을 일으켰다. 그는 여기서 멈추지 않고 교황 우르바누스 8세에게 프톨레마이오스와 코페르니쿠스 양자의 이론, 즉 천동설과 지동설을 설명하는 책인 『대화Dialogo』의 집필을 허락받는다. 조금 의아할 수도 있겠지만, 당시의 분위기에선 만물의 창조자인 신의 섭리와 능력을 자연에서 찾는 것이 이상한 일은 아니었으며, 무엇보다 교황은 갈릴레이를 신뢰하고 있었다.

---

77. Johannes Kepler, Mysterium Cosmographicum, trans. A. M. Duncan, (Abaris Books, 1979)
78. 이 망원경을 베네치아 해군에 제공하여 많은 수입을 올린 것은 덤이었다.

더 높이 쳐다보는 사람은 더욱 뚜렷하게 표가 납니다. 눈을 높이
는 방법은, 자연이라는 위대한 교재를 보는 것입니다. 이것이야말
로 철학의 소재로서 알맞습니다. 자연의 어떤 부분이든 하느님의
창조물이니 멋진 조화를 이루고 있습니다. 그렇지만 하느님의 일
과 하느님의 창조력을 가장 잘 드러내는 부분이야말로 가장 값어
치가 있는 부분입니다. 우리가 알아낼 수 있는 자연 중에서 우주
의 구조야말로 으뜸가는 중요한 사항입니다. 그것은 다른 모든 것
을 포함하니 그만큼 중요하며, 다른 모든 것들의 규칙을 정하고
기준이 되는 고귀한 사항입니다.[79]

『대화, 갈릴레오 갈릴레이』

또한 그는 『대화』의 서문에서 자신이 지구가 움직이지 않는다고 믿고 있으
며, 지동설을 수학 가설로서 아주 잘 알고 있다고 말한다. 즉, 갈릴레이는 수학
적 가설로만 지동설을 다루고, 천동설을 공고히 하는 신앙의 옹호자 역할을 하
기로 예정되어 있었다. 그러나 동시에 우리는 갈릴레이의 서문을 통해, 그가 교
황을 배신할지도 모른다고 예감한다.

나는 이 책을 통해서 우리 이탈리아, 특히 로마에서도 이 문제에
대해 외국 못지않게 잘 알고 있음을 밝히겠다. 알프스 너머 사람
들이 상상하는 것 이상으로 잘 알고 있다. 코페르니쿠스의 지동
설에 대한 모든 사항들을 다루겠다. 이 모든 것들은 로마 교황청
의 검열을 거쳤음을 밝힌다. 우리도 지적 즐거움을 마음껏 추구할
수 있으며, 매우 심오한 이론을 발견하고 연구할 수 있는 환경 속
에 살고 있다. 이것을 보이기 위해서, 나는 이 책에서 코페르니쿠
스 편인 것처럼 꾸몄다. 순수한 수학이론으로서의 지동설이 지구
가 움직이지 않는다는 이론에 비해 더 낮다는 점을 조목조목 밝혔
다. 그러나 그것이 실제로 그렇다는 말은 아니고 (…)[80]

『대화, 갈릴레오 갈릴레이』

79. 갈릴레오 갈릴레이, 대화, 이무현 역, (사이언스북스, 2016), p.21
80. 갈릴레오 갈릴레이, 대화, 이무현 역, (사이언스북스, 2016), p.36

실제로 책의 세부 내용을 살펴보면, 이 책의 의도는 갈릴레이가 서문에 밝힌 것과 완전히 다르다는 것을 알 수 있다. 『대화』는 책의 제목에 걸맞게 주로 세 등장인물이 서로의 생각을 이야기한다. 그중 코페르니쿠스를 옹호하는 살비아티는 매우 똑똑하게 그려져 있다. 하지만 아리스토텔레스와 프톨레마이오스의 편인 심플리치오라는 인물은 매우 바보스럽다. 그리고 이 둘의 대화를 중재하는 사그레도도 명백히 살비아티의 편이다. 특히 살비아티는 프톨레마이오스와 토마스 아퀴나스의 영적 스승인 아리스토텔레스를 정면으로 반박한다.

> **살비아티**: 따라서 아리스토텔레스의 철학은 "하늘은 불변이다. 왜냐하면 내가 보기에 그렇기 때문이다."라는 것이지, "하늘은 불변이다. 왜냐하면 아리스토텔레스가 논리를 써서 그렇다고 했기 때문이다."라는 것이 아니야. 그런데 최근에 우리는, 아리스토텔레스의 시대에 비해서 천체에 대해 더 잘 추론할 수 있는 근거가 있잖아? 천체들은 하도 멀리 떨어져 있어서 잘 볼 수가 없기 때문에, 뭐라 확실하게 말할 수가 없다고 했지. (...) 그런데 망원경 덕분에, 우리는 아리스토텔레스보다 하늘을 서른 배, 마흔 배 더 가까이에서 볼 수 있잖아? (...) 그러니까 우리는 하늘이나 해에 대해서, 아리스토텔레스보다 더 확실하게 말할 수 있어.[81]
>
> 『대화, 갈릴레오 갈릴레이』

또 갈릴레이는 아리스타르코스가 직면했지만 대답할 수 없었던, 태양이 아니라 지구가 돈다면 해결해야 하는 문제들도 피하지 않고 자신의 논리를 전개한다. 이는 심플리치오가 제기한 문제를 살비아티가 대답하는 부분에서 확인할 수 있다.

> **심플리치오**: 코페르니쿠스의 이론이 맞다면, 우리가 느끼는 것을 부인해야 함을, 이 학자가 보여주고 있네. (...) 산들바람이 부는 건 느낄 수 있으면서, 시속 2,529마일 이상의 엄청난 강풍이 쉬지 않

81. 갈릴레오 갈릴레이, 대화, 이무현 역, (사이언스북스, 2016), p.108

고 몰아치는 건 조금도 느끼지 못하고 있지. 지구가 공전 궤도를 따라 1년에 한 바퀴씩 돈다면, 지구는 1시간에 그 정도 거리를 움직이거든. 이건 이 학자가 꼼꼼하게 계산해 냈어.

**살비아티:** 코페르니쿠스는 지구와 지구 주위의 공기가 궤도를 따라 움직인다고 주장하는데, 이 사람이 보기에, 그 지구는 우리가 살고 있는 지구가 아니고 다른 어떤 지구인 모양이지? 우리가 살고 있는 지구는 우리도 같이 데리고 움직이지. 지구의 속력, 주위 공기의 속력과 똑같이 말일세.[82]

『대화, 갈릴레오 갈릴레이』

그에게 『대화』를 출판하도록 허락한 교황청은 내용을 보고 진노했으며, 그 여파로 갈릴레이는 종교재판에 회부되었다. 결국 그는 유죄 판결을 받았고 책의 출판도 일절 금지당했지만, 인기는 수그러들지 않았다. 심지어 갈릴레이는 코페르니쿠스와 다르게 멈추지 않고, 검열을 피해 네덜란드에서 『새로운 두 과학Due Nuove Scienze』을 출판하는 과감함까지 보인다. 교회의 권위를 인정하는 듯하면서, 한편으로는 그 권위를 조롱하는 갈릴레이의 도발적인 태도는 『레위가의 잔치』를 그린 베로네세와 닮은 면이 있다.

## 새로운 생각을 받아들이기

파올로 베로네세Paolo Veronese, 1528-1588가 그린 『레위가의 잔치The Feast in the House of Levi』는 원래 베네치아의 교회 벽에 『최후의 만찬』으로 그려질 작품이었다. 그러나 완성된 베로네세의 그림은 갈릴레오 갈릴레이의 『대화』만큼이나 파격적이고 신성 모독적이었다. 이 그림은 예수의 '최후의 만찬'이라는 신성한 의식을 주제로 삼고 있었지만 교회의 사랑을 받지 못했다.

---

82. 갈릴레오 갈릴레이, 대화, 이무현 역, (사이언스북스, 2016), p.399

[그림 45] Paolo Veronese, The Feast in the House of Levi, 1573, Oil on canvas, 218½ × 50¼″ (555 × 1280㎝), Gallerie dell'Accademia, Venice. 교황청의 심기를 건드렸던 이 그림은 『최후의 만찬』이 되지 못했다. 베로네세는 종교재판에 회부되었다.

『레위가의 잔치』를 들여다보면, 이 그림이 왜 교회의 사랑을 받지 못했는지 쉽게 알 수 있다. 그림의 한가운데에서 예수와 제자가 식사를 하고 있지만, 그 주변에는 광대, 코피를 흘리는 하인, 개와 같은 다소 신성모독적인 장면이 배치되어 있으며, 심지어 이를 쑤시는 사람까지 등장한다. 당연히 교황청이 이를 달갑게 볼 리 없다. 오른쪽 아래 무기를 든 군인은 15세기 독일 용병단을 연상시켰는데, 서임권 분쟁 등으로 인해 교황청과 독일 사이의 긴장이 감돌았던 데다가, 독일에서 개신교가 확산되는 상황이었기 때문에 이 또한 교황청의 심기를 건드렸다. 결국 1573년 7월 18일, 베로네세는 종교재판에 끌려가 심문을 받았고, 그는 예술가의 표현의 자유를 주장했다.

　　　심문관: 얼마나 많은 사람들이 그려졌는지, 그리고 각각의 활동을 설명하라.

　　　베로네세: 주인인 시몬의 아래쪽에 저는 고기를 나눠주는 사람을 배치했는데, 제 추측으로 그는 테이블에서 무슨 일이 벌어지는지 보기 위해 재미 삼아 온 것 같습니다. 다른 인물들도 많지만 그림을 그린 지 오래되어서 기억할 수가 없습니다.

　　　심문관: 코피를 흘리고 있는 남자와 관련된 당신의 의도는 무엇이지?

　　　베로네세: 저는 그를 사고 때문에 피를 흘리는 하인으로 묘사했습니다.

　　　심문관: 독일인처럼 옷을 입고 할버드로 무장한 남자는 무슨 의미인가?

　　　베로네세: 설명하는데 시간이 조금 걸립니다.

　　　심문관: 말하라.

　　　베로네세: 화가들은 시인과 미치광이들이 가지는 시적인 권한을 동일하게 가지고 있습니다. 계단에서 한 사람은 마시고, 또 다른 한 사람은 먹고 있으면서, 만일의 사태에 대비 중인 두 군인을 표

현한 저만의 방식입니다. 이 집의 부유한 주인이 보안을 위해 이
들을 고용한 것은 제게 적절해 보입니다.

(...)

**심문관:** 최후의 만찬에는 누가 있었다고 생각하나?

**베로네세:** 예수님이 그의 사도들과 있었습니다. 하지만 더 많은
공간이 있었고, 그래서 저는 다른 인물들을 그려 넣었습니다.[83]

　베로네세는 심문 끝에 그림 수정을 요구받았지만, 그는 교황청이라는 거대
클라이언트의 수정 요청을 가볍게 무시하고 제목만『레위가의 잔치』로 바꿔 버
렸다. 예술가도 과학자만큼 억압에 저항했다.

[그림 46]『레위가의 잔치』세부. 난쟁이와 이 쑤시는 사람, 그리고 독일 용병단.

　교회는 변화를 거부했다. 천동설이 동력을 잃고 지동설이 매우 유력한 학설
로 인정되는 와중에도, 가톨릭교회는 1822년까지 지동설과 관련된 책의 출판을
허용하지 않았다. 천동설이 가톨릭에 유리한 이념적 토대를 마련해주었던 것은
사실이지만, 따지고 보면 이교도나 마찬가지인 프톨레마이오스의 천동설이 가톨
릭에 진지하게 받아들여진 것, 그리고 천동설이 부정되는 증거들을 은폐하려는
일련의 시도로 인해 가톨릭 권위가 약화된 것은 역사의 아이러니라고 볼 수 있다.

83. Khan Academy, "Transcript of the trial of Veronese", https://www.khanacademy.org/humanities/renaissance-reformation/
high-ren-florence-rome/late-renaissance-venice/a/transcript-of-the-trial-of-veronese

천동설과 지동설 논쟁에서 일어난 과학적, 종교적 투쟁으로부터, 우리는 일련의 교훈을 얻을 수 있다. 과학이든 종교든 기존의 모델이 틀렸다는 명백한 증거가 발견된다면, 더 나은 모델을 열린 마음으로 받아들이는 포용력이 필요하며, 이런 태도야말로 진보를 약속하는 중요한 열쇠이다. 하늘 아래와 하늘 위에 관한 모델, 즉 세계의 모델은 아리스토텔레스의 시대부터 프톨레마이오스를 거쳐 코페르니쿠스, 갈릴레이, 뉴턴의 계보를 통해 지속적으로 수정되어 왔다. 그리고 세계의 모델은 여전히 수정이 진행 중이다.

## 아리스토텔레스부터 아인슈타인까지

천체의 모델에서 '중력'과 관련된 이야기로 잠시 주제를 돌려 보자. 중력의 원인과 실체 또한 학자들 사이에서 꾸준히 논의된 주제였다. 사실 우리가 지금껏 이야기한 천체의 운동과 떼려야 뗄 수 없는 것도 바로 중력이며, 20세기 이후에 벌어진 과학계의 가장 큰 스캔들도 바로 중력과 관련된 아인슈타인의 이론이었다. 그리고 지금 이 순간 물리학계에서 가장 격렬한 논쟁이 벌어지는 주제 역시 바로 중력이다.

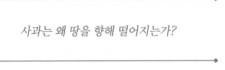

*사과는 왜 땅을 향해 떨어지는가?*

단순해 보이는 이 질문은 기원전 아리스토텔레스에서 출발하여, 갈릴레이와 뉴턴을 거쳐 20세기의 아인슈타인과 지금의 우리에게 답을 요구한다.

아리스토텔레스는 사과가 우주의 중심, 즉 지구의 중심으로 돌아가는 것이 '본성적이기' 때문에 사과가 땅에 떨어진다고 생각했다. 이런 생각은 갈릴레이가 『새로운 두 과학』을 집필하고서야 어느 정도 교정될 수 있었다. 『새로운 두 과학』은 앞서 이야기했듯, 갈릴레이가 『대화』를 집필한 이후 교황청의 미움을 사고 자택에 감금당했을 때 검열을 피하고자 네덜란드에서 출판한 책으로, 사람들에게 실험과학의 중요성을 깨닫게 해준 명저로 평가받는다. 멈추지 않았던 갈릴레이의 용기 덕분에 실험과학의 토대가 세워질 수 있었던 것이다. 만약 그가 없었다면, 학자들은 아직도 '본성에 따른' 운동이 무엇인지에 관한 형이상학적 탁상공론을 벌이고 있을지도 모른다. 아리스토텔레스가 정치 체제를 분석하고자 했을 때는 150여 개의 도시 국가를 '관찰'하여 결론을 내렸으면서, 왜 물체의 운동은 관찰에 근거해 분석하지 않았는지는 의문으로 남는다. 갈릴레이는 이런 아리스토텔레스의 태도를 신랄하게 비판한다.

> 이 글을 쓰는 목적은, 운동이라는 매우 오래된 것을 주제로 새로운 과학을 정립하는 것이다. 자연에서 운동보다 더 오래된 것은 없을 것이다. 이에 관해서, 철학자들이 엄청난 분량의 책을 써 왔다. 하지만 내가 실험을 통해서 확인해 보니, 이들 중 어떤 것들은 배울 만한 값어치가 있지만, 어떤 것들은 관찰을 하지도 않았고, 증명을 하지도 않았음을 알 수 있다.[84]
>
> 『새로운 두 과학, 갈릴레오 갈릴레이』

운동과 관련된 갈릴레이의 날카로운 관찰력은 예술 작품에도 영향을 미친 것으로 추정된다. 피렌체에서 명성을 날린 화가 아르테미시아 젠틸레스키Artemisia Gentileschi, 1593-1656는 갈릴레이와 친분이 있었던 것으로 여겨지는데, 그녀의 작품인 『홀로페르네스의 목을 자르는 유디트Judith Beheading Holofernes』를 살펴보면 솟구쳐오르는 피의 궤적이 중력에 의해 포물선을 그리는 것을 확인할 수 있다. 이는 카라바조Caravaggio, 1571-1610의 동일 소재 작품과 비교했을 때 그 명백한 차이를 느낄 수 있다.

84. 갈릴레오 갈릴레이, 새로운 두 과학, 이무현 역, (사이언스북스, 2016), p.207

[그림 47] Caravaggio, Judith Beheading Holofernes, 1599, Oil on canvas, 57 × 76²⁵/₃₂″ (145 × 195㎝), Galleria Nazionale d'Arte Antica, Rome. 다소 잔인한 이 그림에서 가장 중요한 것은 피의 궤적이다. 카라바조가 그린 홀로페르네스의 피는 직선으로 뿜어져 나온다.

젠틸레스키는 갈릴레이의 운동을 이해하고 예술에 반영함으로써, 회화의 사실성이라는 측면에서 카라바조보다 한 발짝 더 나아갈 수 있었다.

> [정리 1, 법칙 1]
> 공중에 던진 물체가 수평으로 일정하게 움직이려는 속력과 수직으로 자연히 빨라지는 속력을 결합한 것으로 움직이면, 이것은 반 포물선을 그린다.[85]
>
> 『새로운 두 과학, 갈릴레오 갈릴레이』

---

85. 갈릴레오 갈릴레이, 새로운 두 과학, 이무현 역, (사이언스북스, 2016), p.322

[그림 48] Artemisia Gentileschi, Judith Beheading Holofernes, 1613, Oil on canvas, 62½ × 49¹³⁄₂₀˝ (158.8 × 125.5 ㎝), Museo e Gallerie di Capodimonte, Naples. 유디트는 카라바조보다 더 진보한 물리학 지식을 가지고 있었다. 피의 궤적은 어떤 작품이 젠틸레스키의 것인지 명확하게 보여준다.

중력과 천체에 관한 이론은 또 다른 천재 과학자, 아이작 뉴턴에게 넘겨진다. 아이작 뉴턴Isaac Newton, 1643-1727은 갈릴레이의 어깨 위에 서서 한결 수월하게 자신의 중력 이론을 펼칠 수 있었다. 그는 불후의 명작인『프린키피아The Principia』를 통해, 논박할 수 없는 증거들로 행성의 운동이 태양 중심임을 선언하며, 밀물과 썰물의 조석 현상이 달과 태양에 의해 일어난다는 것도 명확하게 밝힌다. 세계를 설명하는 수학적 모델이 존재한다는 것, 그리고 자연 현상이 과학적으로 설명 가능하단 것을 뉴턴이 보여준 이후로, 하늘 위의 운동과 하늘 아래의 운동을 구분하는 아리스토텔레스식 유사과학과 지구 중심의 가톨릭 세계관은 설득력을 점차 상실했다. 선악과는 뉴턴의 중력에 의해 땅에 떨어졌다.

> 목성의 위성들은 목성의 중력에 이끌리고, 토성의 위성들은 토성의 중력에 이끌리며, 주요 행성들은 태양의 중력에 이끌린다. 그리고 중력에 의해 그들은 직선 운동에서 곡선 운동으로 변형되어 유지된다. (...) 지금까지 우리는 천체가 그들의 궤도를 유지하는 힘을 "구심력"이라 불러왔다. 이 힘은 이제 중력으로 정립되었고, 따라서 우리는 지금부터 그것을 중력이라고 부르겠다.[86]
>
> (...)
>
> 바다의 밀물과 썰물은 태양과 달의 작용에서 기인한다.[87]
>
> 『프린키피아, 아이작 뉴턴』

뉴턴의 운동방정식은 우주가 완전히 계산 가능할지도 모른다는 희망에도 불을 지폈다. 특히 프랑스의 수학자 라플라스Pierre-Simon Laplace, 1749-1827는 뉴턴의 업적에 영감을 받아, 세상에 존재하는 모든 물질의 힘을 파악하고 계산할 수만 있다면 세계의 미래는 결정 가능하다는 기계론적, 결정론적인 세계관을 내놓는다. 학자들은 라플라스가 제시한 조건을 완벽히 수행할 수 있는 가상의 존재를 '라플라스의 악마'라고 부른다.

> 현재의 사건들은 이전에 발생했던 사건과 연결되어 있다. 이는 원인 없이는 어떠한 것도 일어날 수 없다는 명백한 원리에 근거한다. "충분한 이유의 원리"로 알려진 이 공리는 무관하다고 여겨지는 행위로까지 확장된다. (...)

---

86. Isaac Newton, The Principia, trans. I.Bernard Cohen et al,, (University of California Press, 1999), III, Propositon 5, Theorem 5, p.805

87. Isaac Newton, The Principia, trans. I.Bernard Cohen et al,, (University of California Press, 1999), III, Propositon 24, p.835

특정한 순간에 자연을 운동하게끔 하는 모든 힘과 그것을 구성하는 물질 각각의 상황을 모두 알고 있으며, 이 모든 데이터를 수학적으로 분석하기에 충분한 지성이 있다면, 그는 같은 수학 공식으로 우주의 가장 큰 물질에서 가장 작은 원자까지 망라할 수 있을 것이다. 그에겐 모든 것이 명료하며, 과거처럼 미래도 그의 눈앞에 현현할 것이다.[88]

『확률에 관한 철학적 논고, 라플라스』

공상과학영화 제작자들은 라플라스의 악마를 굉장히 사랑하는 것 같다. 엄청난 연산 능력을 갖춘 슈퍼컴퓨터가 개발되어 미래를 예측한다는 설정은 SF 영화를 좋아하는 독자라면 이제는 뻔한 클리셰처럼 느껴질 것이다. 그러나 애석하게도, 뉴턴의 중력이론의 성공으로 촉발된 라플라스의 생각, 즉 천체의 모든 운동이 설명 가능할 것이라는 생각은 최근에 환상임이 밝혀졌다. 라플라스의 가정은 (1) 물질 각각의 상황을 알고 있으며, (2) 이들의 모든 상호작용을 수학적으로 계산 가능하다는 두 가지로 구성됨을 알 수 있는데, 이 두 가지 가정 모두 실현 불가능하기 때문이다.

'물질 각각의 상황'을 조금 더 딱딱한 표현으로 바꾼다면, '어떤 입자의 위치와 속도[89]'라고 말할 수 있을 것이다. 달리는 차에 타 있다면, 지금 정확히 어디에 있고, 현재 속도는 몇인지 확정할 수 있는 것처럼 보인다. 내비게이션에 정확한 위치와 속도가 나오기 때문이다. 하지만 아주 작은 입자로 이루어진 세계, 다시 말해 양자역학의 세계로 들어간다면 사정이 많이 달라진다. 만약 차를 몰고 아주 작은 양자 세계에 진입하면, '애초에' 우리는 자동차의 위치와 속도를 동시에 알 수 없게 된다.

이처럼 현실과 동떨어진 양자 세계에서 벌어지는 이해 불가능한 문제는 잠시 제쳐두기로 하자. 사물들의 위치와 속도를 동시에 알 수 있다고 가정한다면,

---

88. Pierre-Simon Laplace, Essai philosophique sur les probabilités, trans. Frederick Wilson Truscott et al., (John Wiley & Sons, 1902), p. 3-4

89. '위치와 속도'보다는 '위치와 운동량' 표현이 더 선호된다. 다만, 운동량은 질량과 속도의 곱이므로, 여기서는 운동량 대신 속도를 사용해도 무방하기에 이해를 돕기 위해 '속도' 개념을 사용했다.

이들의 이후 움직임을 예측하는 것은 가능할까? 안타깝지만 대답은 여전히 '아니오'이다. 우리는 단 세 개의 사물의 움직임조차 정확하게 예측할 수 없기 때문이다. 질량을 가진 세 물체가 중력으로 상호작용할 때, 이들 간 운동을 명쾌하게 예측할 수 없는 문제는 흔히 '3체 문제'로 불리며, 계산의 난이도를 떠나 이러한 상황에선 그 일반해를 구할 수 없음이 오일러, 라그랑주, 브룬스, 앙리 푸앵카레 등에 의해 '증명'되었다. 그런데 이러한 결과는 조금 이상하게 느껴진다. 현재의 우리는 태양과 지구, 그리고 달이라는 세 대상의 위치를 꽤 잘 예측하고 있는 것 같기 때문이다. 하지만 이는 태양과 지구, 지구와 달 사이의 질량 차이가 압도적인 제한적 상황에서 벌어지는 운동, 즉 '제한된 3체 문제'이기 때문에 가능한 것이지, 일반화는 여전히 불가능하다.[90]

이렇듯 우리는 세계를 아주 잘 이해하고 있는 것처럼 보이지만, 자세히 살펴보면 세계의 '근사적' 추정치로 연명하는 수준이다. 물론 일상생활에서 뉴턴의 중력 방정식은 근사치만으로도 잘 작동하는 쓸모 있고 훌륭한 이론이다. 측정과 계산의 아주 미세한 오차가 생기는 사소한 문제를 제외하곤 말이다. 뉴턴의 중력 이론에서 약간의 오차가 발생했을 때, 대부분은 그것을 대수롭지 않게 여길지도 모른다. 하지만 아인슈타인은 뉴턴 수준의 예측 가능성에 만족하지 못했다.

## 아인슈타인의 해결책

뉴턴의 중력 체계에서 발생하는 잘 알려진 오차 중 하나는 바로 수성의 궤도 문제였다. 태양을 초점으로 타원 운동을 하는 수성의 궤도는 주변에 존재하는 행성의 중력에 의해 조금씩 이동하는데, 그 이동은 아주 미세해서 지구를 기준으로 100년마다 1.5556도의 각도로 궤도가 이동하는 것으로 관찰되었다. 하지만 뉴턴의 이론을 모두 동원해서 계산한 결과는 1.5436도였다. 100년마다 0.012도라는 뉴턴 역학으로 설명 불가능한 오차가 발생하는 것이다. 평범한 사람이라면 이 정도 오차는 별것 아니라며 넘길 수도 있겠지만, 아인슈타인에게 이 값은

---

90. N체 문제는 지금까지 계속 연구되고 있는 주제이다. 칼 순드만Karl Sundman, 1873-1949이 3체 문제를 일부 해결했고, 이후 많은 연구 결과들이 나오고 있다.

사소한 문제가 아니라 해명이 필요한 숫자였다. 결국 이 오차는 아인슈타인이 시간과 공간에 관한 개념 자체를 근본적으로 재정립함으로써 해결되었다.

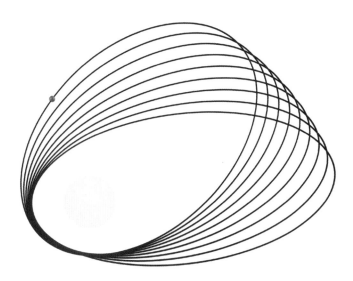

[그림 49] 수성의 궤도 이동은 천천히, 그렇지만 꾸준하게 누적된다.

뉴턴의 중력은 단순히 물체들이 서로를 끌어당기는 어떤 힘이다. 그런데 이 힘은 어디서 오는가? 아인슈타인은 질량과 에너지가 시공간을 왜곡하고, 그에 따른 시공간의 곡률로 인해 중력이 발생한다고 보았다. 사과는 지구가 만들어낸 시공간의 곡률을 따라 이동한다. 이것이 아인슈타인이 밝힌 사과가 지구 중심으로 떨어지는 원인이자, 그 유명한 일반 상대성이론의 핵심이다. 그 덕분에 우리는 부족하게나마 중력에 관한 정합성 있는 해석을 내놓을 수 있게 되었다. 또한 그의 일반 상대성이론은 수성의 궤도 문제도 해결할 수 있었다. 0.012도의 오차는 뉴턴 역학에서의 '질량'이 아니라, 중력장의 에너지가 만들어내는 추가적인 효과로 완벽하게 설명되었다. 아인슈타인의 이론이 완성된 1915년이 되어서야 비로소 수성의 움직임을 완전히 예측할 수 있게 된 것이니, 결국 천체의 움직임에 관한 현대적 이론은 이제 겨우 100년을 지났다고 말할 수 있다.

천동설이 틀렸고 지동설이 옳았던 것처럼, 뉴턴의 중력이론도 아인슈타인의 상대성이론으로 완전히 대체되어야 하는 것일까? 물론 일상적 세계에서 뉴턴의 중력방정식은 여전히 잘 작동하는 이론이고, 편리한 계산 덕분에 아직도 널리 사용되고 있으므로 이를 천동설과 비교하는 것은 부당한 처사라고 할 수도 있다. 그러나 프톨레마이오스의 천동설도 잘못된 가정에서 비롯되었지만, 천 년이 넘게 꽤 잘 작동하지 않았는가? 수성의 궤도 이동은 아인슈타인의 상대론적 효과를 반드시 고려해야만 제대로 된 결과를 얻을 수 있으니, 뉴턴의 낡은 중력 이론은 반드시 아인슈타인의 중력 이론으로 대체되어야 한다고 주장할 수도 있겠다.

그렇다면 마침내 우리는 아인슈타인의 천재성에 힘입어 완벽하게 작동하는 중력 모델을 얻었다고 말할 수 있을까? 비록 일반 상대성이론이 수많은 검증을 통과했고 현재 우리 세계를 가장 잘 설명하는 모델임은 맞지만, '중력'의 신비가 완전히 규명된 것은 아니다. 그렇기에 아인슈타인의 상대성이론이 제아무리 강력하다고 해도, 이는 여전히 세계를 근사적으로 묘사하는 '이론'임을 인식해야 하며, 언제든 더 나은 중력 이론이 우리 앞에 나타날지도 모른다는 가능성을 열어두어야 한다. 하지만 아인슈타인의 이론이 뉴턴의 이론보다 정확해도 뉴턴의 위대함이 가려지지 않는 것처럼, 일반 상대성이론보다 더 나은 이론이 발견된다고 해서 아인슈타인의 천재성이 퇴색될 일은 없을 것이다.

## 라파엘로의 선택

『아테네 학당』에서 지구를 들고 있는 사람은 흔히 프톨레마이오스로 알려져 있다. 라파엘로가 『아테네 학당』을 그린 시기는 1509-1511년이고, 지동설이 학자들 사이에 널리 퍼진 시기는 1515년쯤이다. 따라서 라파엘로는 코페르니쿠스의 지동설을 알지 못했을 가능성이 조금 더 높아 보인다. 하지만 만약 라파엘로가 코페르니쿠스를 알았다고 가정해 보면 어떨까? 물론 프톨레마이오스가 틀렸고 코페르니쿠스가 옳다는 사실을 알았다 해도, 라파엘로는 감히 거기에 코페르니쿠스를 그려 넣진 못했을 것이다. 바티칸의 궁전 벽에 코페르니쿠스를 그려 넣는 것은 명백한 신성모독이니 말이다. 대신 라파엘로는 재치를 발휘해 코페르니쿠스를 모델로 삼은 프톨레마이오스를 그렸을지도 모른다. 아니면 아예 프톨레마이오스인지, 혹은 코페르니쿠스인지 알지 못하도록 뒤돌아선 모습을 그리는 편리한 방법을 사용한 것일 수도 있다. 사실이 무엇이든 라파엘로가 얼굴을 보여주지 않은 덕분에, 우리는 지구를 든 사람이 천체물리학을 빛낸 수많은 인물 중 누구일지 자유롭게 상상할 수 있다.

# 4장

# 피타고라스

## BCE. 570 - BCE. 495

# 라파엘로와 피타고라스의 칠판

'피타고라스'라는 단어를 들었을 때 무언가 떠오르는 게 있다면, 여러분도 한 때는 수학에 꽤 진지한 시절을 보낸 적이 있었다고 말할 수 있다. 하지만 그 시절의 기억은 그다지 행복하지 않았을 가능성이 높다. 우리의 기억 속 피타고라스는 사람의 이름이라기보단, 시험지의 온갖 도형을 풀 때 사용해야 하는 '**피타고라스 정리**'에 더 가깝고, 이 수식이 때로는 우리에게 오답의 좌절을 맛보여줬기 때문이다. 하지만 아직도 그의 이름을 딴 수학 공식이 중요하게 여겨진다는 것을 상기하면 으스스한 기분이 든다. 무려 2500년 전의 사람이 현재까지 막대한 영향력을 휘두르고 있으니 말이다.

지금도 피타고라스의 업적이 남아 있는데 하물며 르네상스 시대는 말할 필요도 없다. 그 시기에도 피타고라스의 영향력이 상당했다고 입증할 수 있는 많은 증거가 있는데, 그중 하나가 바로 『아테네 학당』에 당당히 그려진 피타고라스의 모습일 것이다.

[그림 50] 『아테네 학당』에 묘사된 피타고라스. 그의 앞에 놓인 칠판을 통해 해당 인물이 피타고라스임을 알 수 있다. 다만 이 칠판에 우리에게 익숙한 '피타고라스 정리'가 쓰여 있지는 않다.

그러나 학창 시절에 수학사에서 피타고라스가 차지하는 위치라든가, 그가 생각했던 세계관을 배우고 심사숙고할 기회는 전혀 없었을 것이다. 피타고라스의 삶과 사상을 떼어놓은 채, '피타고라스 정리'만을 기계처럼 암기했으니 말이다.

상황이 이렇다 보니, 여기에선 학교에서 배웠던 복잡한 도형 문제가 아닌, '수에 관한 피타고라스의 사상'을 이야기하는 편이 좋을 것 같다. 피타고라스 정리는 잠시 잊고, 대체 무엇 때문에 피타고라스가 이토록 위대해졌는지 생각해보는 것은 꽤 가치가 있는 일일 것이다. 다만, 수학사를 이야기하는 사람들은 피타고라스 혼자서 많은 업적을 다 이루었다고 생각하지 않는다. 그렇기에 여기서 '피타고라스'를 언급할 때는 피타고라스와 그의 추종자들, 즉 '피타고라스학파'를 지칭하는 것으로 하겠다. 이제 익숙하면서도 낯선 피타고라스의 이야기를 시작해보자.

## '피타고라스 정리'는 어디에?

피타고라스는 수와 도형이 필요한 모든 분야에서 전방위적인 영향을 끼쳤다. 건축, 삼각법, 아름다움의 비율에 관한 피타고라스의 유산들 사이에서 라파엘로는 무엇을 피타고라스의 대표 업적으로 내세울지 고심했을 것이다.

주목해야 할 점은 '피타고라스 정리'가 그때도 매우 귀중하게 다루어졌다는 사실이다. 당시 일부 학교는 일종의 졸업 논문으로 피타고라스 정리를 새로운 방식으로 증명하도록 요구했기 때문에, 라파엘로 시대의 사람들은 피타고라스 정리에 관한 여러 가지 기하학적 증명법을 알고 있었을 것이다. 사실 '프톨레마이오스의 정리'를 조금만 변형하면 피타고라스 정리를 손쉽게 유도할 수 있으며, 라파엘로가 존경했던 레오나르도 다 빈치도 피타고라스 정리를 독자적으로 증명한 것으로 추정된다. 피타고라스 정리를 독창적인 방식으로 증명하는 일은 이후에도 많은 사람에게 영감을 불어넣었고, 지적인 오락거리로 꾸준히 소비되었다. 미국의 교사였던 엘리샤 스콧 루미스는 300가지가 넘는 피타고라스 정리를 증명하는 방법을 모아 책으로 출판하기도 했다.

그러나 흥미롭게도, 라파엘로는 피타고라스를 가장 잘 드러내기 위한 방법으로 'ΕΠΟΓΔΟΩN<sub>EPOGDOON</sub>'이 쓰인 칠판을 택했다. 교과과정을 착실하게 밟아온 사람들은 이 지점에서 모종의 의아함을 느끼거나, 심지어 라파엘로의 안목에 배신감을 느낄지도 모른다. 그 유명한 '**피타고라스 정리**'를 선택하지 않고 피타고라스를 나타내려 하다니! 여기, 다시 기억하고 싶은 독자를 위해 여기 피타고라스 정리를 적어놓겠다.

[정리 47] 직각삼각형에서, 직각의 반대쪽 대변의 제곱은 직각을 포함하는 나머지 변들의 제곱의 합과 같다.[91]

『원론, 유클리드』

---

91. Euclid, Elements, trans. Richard Fitzpatrick, (2007), Book I, Proposition 47, p. 46

[그림 51] 1955년 그리스에서 발행한 우표에는 '피타고라스 정리'가 기하학적으로 나타나 있다. 가장 아래의 정사각형에 채워진 격자의 개수(25)는 왼쪽(16)과 오른쪽 위(9)에 채워진 격자의 개수의 합과 같다. 따라서 25=16+9, 또는 $5^2=4^2+3^2$이 성립한다.

르네상스에도 피타고라스 정리가 유행했다면, 왜 라파엘로는 피타고라스를 다른 방식으로 묘사한 것일까? 혹시 라파엘로도 우리처럼 기하학 수업을 듣다가 피타고라스 정리에 진저리친 것이었을까? 하지만 라파엘로는 당대의 천재라 불릴 정도로 똑똑했으니, 피타고라스 정리 정도는 쉽게 이해했을 가능성이 높다. 라파엘로가 피타고라스를 다른 방식으로 묘사한 데에는 나름의 이유가 있을 것만 같다.

[그림 52] 피타고라스의 앞에 놓인 칠판은 우리가 이해하기 어려운 문자로 적혀 있다. 라파엘로는 이 칠판으로 우리에게 무엇을 알려주려는 것일까?

## 피타고라스의 칠판

다시 라파엘로의 작품으로 되돌아가서, 피타고라스의 칠판을 바라보자. 이 그림은 난해해 보이지만, 사실 알아보기 어려운 언어로 적혀 있어 그렇게 느껴지는 것일 뿐, 오히려 숫자 네 개의 상호관계를 잘 보여주는 단순한 차트에 가깝다. 피타고라스의 칠판을 확대해서 어떤 내용인지 더 자세히 살펴보도록 하자.

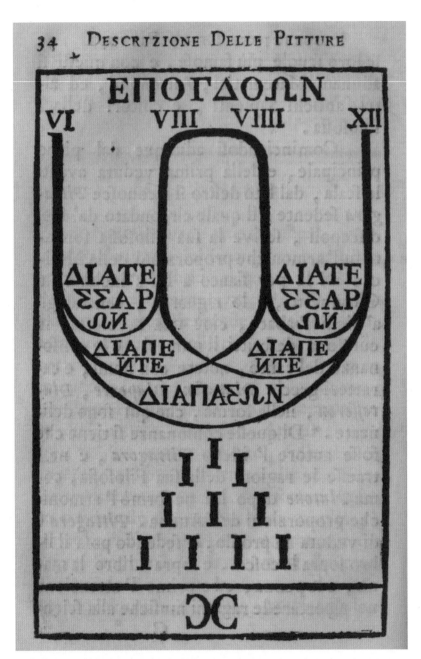

[그림 53] Giovanni Pietro Bellori, Descrizione delle immagini dipinte da Raffaelle d'Urbino nel Palazzo Vaticano, (Appresso gli Eredi del Q. Gio. Lorenzo, 1751), p.34. 18세기 미술사가 조반니 피에트로 벨로리는 칠판에 적힌 내용을 근거로 『아테네 학당』에 그려진 인물을 피타고라스로 추정했다.

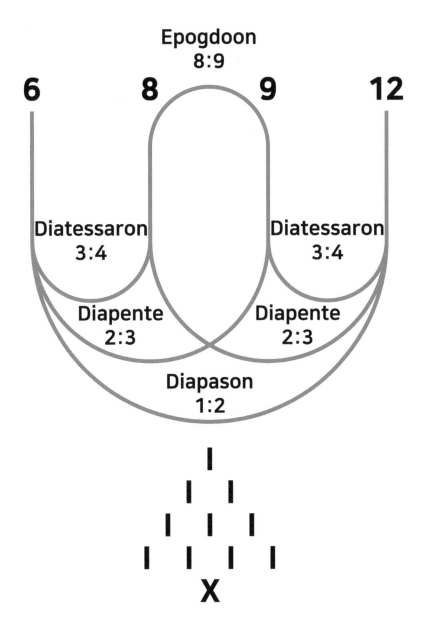

[그림 54] 칠판의 표기를 영어 알파벳으로 바꾼 것. 피타고라스의 칠판은 복잡해 보이지만, 사실 그다지 어렵지 않다.

칠판의 가장 위에는, 피타고라스가 특별하게 여긴 네 개의 숫자 6, 8, 9, 12가 적혀 있다. 먼저 6과 12의 관계를 살펴보자. 이 두 수의 관계를 표현하기 위해 비례식을 이용하면, 6:12와 같은 표현을 사용할 수 있다. 12는 6의 두 배이기 때문에, 이 비례식을 간소화하면 1:2로 나타낼 수도 있을 것이다. 이 비율을 뜻하는 단어는 'Diapason'이다.

6과 12의 관계처럼, 8과 12는 2:3, 9와 12의 관계는 3:4로 간단히 쓸 수 있다. 그리고 2:3과 3:4의 비율은 각각 'Diapente', 'Diatessaron'으로 불린다. 이처럼 복잡한 암호로 보였던 칠판에는 단순히 수의 비율을 뜻하는 단어들이 적혀있을 뿐이다. 12를 기준으로 삼았을 때 나타나는 수의 비율을 그림으로 정리해보면 [그림 55]와 같다.

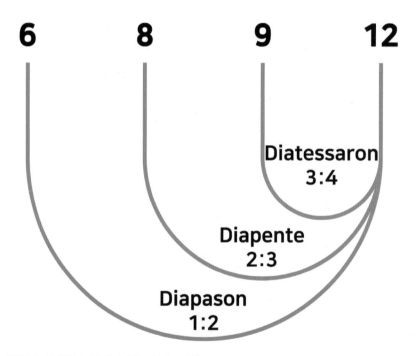

[그림 55] 12를 기준으로 했을 때 나타나는 비율과 그 명칭.

마찬가지로, 9를 기준으로 삼아 다른 숫자들을 보아도 동일한 비율이 출현한다. 6과 9의 비율은 2:3, 9와 12의 비율은 3:4이다. 다만 여기서 8:9의 비율이 새롭게 등장함을 알 수 있는데, 이 비율을 뜻하는 표현이 바로 ΕΠΟΓΔΟΩΝ<sub>EPOGDOON</sub>
이다.[92]

6과 8의 관점에서 다른 수들을 보아도 2:3, 3:4의 비율이 나타난다. 이런 비율
들이 6, 8, 9, 12 사이에서 규칙적으로 출현하기 때문에, 피타고라스는 이 숫자들
이 수학적으로 아름답다고 생각했다. 또한, 1:2, 2:3, 3:4의 비율에서 나타나는 네
숫자인 1, 2, 3, 4를 모두 더하면 10이 된다. 그렇기에 피타고라스는 10을 완벽한
수라고 생각했다. 하지만 이 해석대로라면 8:9는 꽤 어색한 비율이 되어버린다.

## 숫자와 음악

피타고라스 칠판에 쓰여진 숫자와 비율은 단순히 숫자놀음이 아니라, 현실
세계에서도 나름의 의미가 있다. 피타고라스는 이 수의 비율들을 '음'에서 발견
했다고 전해지는데, 전설에 의하면 그는 대장간에서 철을 망치로 두들길 때 들
려오는 소리로 철의 길이와 음의 높이 사이의 상관관계를 알게 되었다고 한다
(두들기는 철이 짧을수록 음의 높이는 크다).

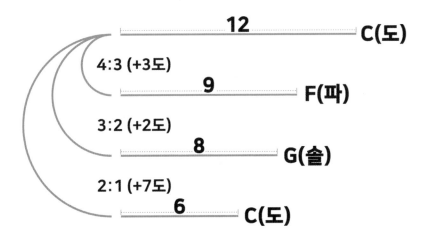

[그림 56] 현의 길이에 따라 음이 달라지는 현상은 수학적 비율을 따른다.

92. ΕΠΟΓΔΟΩΝ은 '8분의 1만큼 더 크다'는 뜻으로, 1 + ⅛ 은 ⅘ 가 된다.

앞서 언급했던 네 개의 숫자들(6, 8, 9, 12)을 현의 길이라고 생각하면 이해가 더 빠를 것이다. [그림 56]과 같이, 길이가 12에 해당하는 현 하나가 있다고 하자(네 개의 현 중에서 가장 길다). 피타고라스는 관찰을 통해 길이가 6인 현은, 길이가 12인 현보다 2배만큼 진동하여 더 높은 음이 나는 것을 발견했다(길이가 짧을수록 진동수가 큰 고음이 만들어진다). 현재의 우린 두 현의 길이가 1:2의 비율일 때 나는 음의 차이를 옥타브(8도)라고 부른다.

또한 피타고라스는 길이가 9인 현이 길이가 12인 현과 동시에 진동할 때 아름다운 소리, 즉 화음이 발생한다는 것을 인식했다. 이는 길이가 8인 현과 길이가 12인 현이 함께 진동할 때, 그리고 길이가 6인 현과 길이가 12인 현이 같이 진동할 때도 마찬가지다. 정리하면, 두 현의 길이가 1:2, 2:3, 3:4를 이룰 때 아름다운 화음이 발생한다는 것이다. 그리고 이 발견은 현대까지 내려와, 좋은 음악을 만들기 위해서는 위와 같은 수의 비율이 중요하다고 배운다.

아름다운 화음들을 만들기 위해 필요한 숫자들인 6, 8, 9, 12 중에서, ΕΠΟΓΔΟΩΝ은 8과 9를 연결해주는 필수적인 연결고리다. 하지만 동시에 1:2, 2:3, 3:4의 비율과는 다르게 불협화음을 내는 이질적인 비율이기도 하다. 그럼에도 불구하고, 라파엘로는 8과 9의 숫자를 연결하는 선 위에 ΕΠΟΓΔΟΩΝ을 크게 써 놓았고, 그 결과 ΕΠΟΓΔΟΩΝ은 마치 칠판의 제목처럼 보인다.

라파엘로는 이것을 의도한 것일까? 다른 비율을 나타내는 글자보다 훨씬 크게 ΕΠΟΓΔΟΩΝ이 쓰였다는 것을 고려한다면, 그렇다고 말할 수도 있을 것이다. 피타고라스가 주장한 수의 아름다움과 정면으로 대치되는 단어가 칠판 제목이라니, 우리는 장난기 가득한 얼굴로 칠판을 그리는 라파엘로의 모습을 상상해 볼 수도 있겠다. 실제로 라파엘로는 유머와 재치가 넘치는 사람이었다.

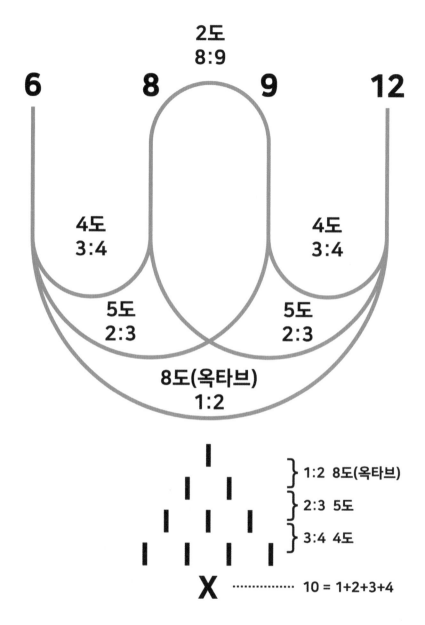

[그림 57] 피타고라스 앞에 놓인 칠판은 수의 비율로 아름다운 음을 찾는 방법을 적은 것이다. 하지만 8:9는 불협화음을 낸다. 그럼에도 라파엘로의 그림 속 피타고라스 칠판에서 가장 큰 글자는 바로 이러한 아름다운 비율 속에 존재하는 균열, ΕΠΟΓΔΟΩΝ이다.

## 우주의 다이얼

수의 비율이 음악의 아름다움을 결정한다는 사실은 피타고라스에게 거대한 발견이자 충격이었다. 1, 2, 3, 4라는 숫자가 음악을 아름답게 만드는 것은 그저 단순한 현상이라고 치부할 수도 있겠지만, 피타고라스학파는 여기서 더 나아가 수의 비율이 만물과 우주의 질서라고 생각했다. 수를 신비롭게 여기는 학문인 '수비학'은 여기서 그 모습을 드러낸다.

수에 신비가 깃들어 있다는 주장은 현대를 살아가는 우리에게 바보 같은 생각처럼 느껴질지도 모른다. 그런데 사실 우주의 질서가 수에 의해 지배받는다는 생각은 당대의 물리학자들조차 한 번쯤은 진지하게 생각해 본 주제이기도 하다. 유명한 물리학자 레너드 서스킨드는 우주가 미세하게 조정되어 있으며, 우리의 우주는 큰 행운이라고 말하기도 했다. 조금 이상하게 들릴 수도 있겠지만, 세계와 우주를 단지 몇 개의 수들로 정의하는 것도 가능하다. 그러한 수들 중 하나는, 모두가 바로 지금 느끼고 있는 중력과 관련되어 있다.

지구는 우리를 매 순간 끌어당기고 있고, 우리 또한 지구를 끌어당기고 있다. 뉴턴의 중력방정식에 따르면, 서로를 끌어당기는 힘인 중력의 세기는 질량이 클수록, 거리가 가까울수록 강해진다. 그리고 여기에 일종의 보정값 G가 곱해져 중력의 최종 세기가 결정된다. G는 약 0.0000000000667384의 값을 가진다.[93] 따라서 어떤 수에 G를 곱한다면, 최종 결괏값은 상당히 작아진다. 중력은 다른 힘에 비해 강하지 않다고 말하는 경우가 있는데, 계산적인 측면만 고려하면 중력을 계산하기 위해 최종적으로 곱해지는 중력 상수의 값이 작기 때문이다. 하지만 G는 말 그대로 우주의 모든 것에 영향을 미친다. 우리와 지구, 지구와 태양 사이는 물론이고, 모든 별들이 G라는 숫자에서 절대로 자유로울 수 없다.

길을 가다 아주 우연히 G를 조작할 수 있는 다이얼을 손에 넣었다고 생각해 보자. 이 다이얼은 현재의 중력 상수 값인 0.0000000000667384로 아주 정교하게 맞춰져 있는 상태이다.

---

93. 단위는 $m^3 \cdot kg^{-1} \cdot s^{-2}$

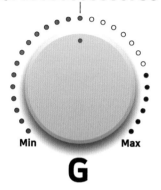

**0.0000000000667384**

Min    Max

**G**

[그림 58] 매우 미세하게 조정되어 있는 G 다이얼. 눈금은 0.0000000000667384를 가리키고 있다.

이 물건은 매우 조심스럽게 다뤄져야 하지만, 불행하게도 다이얼에 쓰여 있는 숫자가 무엇을 의미하는지 당신이 모른다고 해 보자. 호기심에 가득찬 당신은 다이얼을 오른쪽으로 돌려서 G의 값을 약간 높여 보기로 한다. 이때 갑자기 무언가 여러분을 짓누르는 느낌이 들지도 모른다. 지구의 중력이 이전보다 강해졌기 때문이다. 우주적으로 보았을 때, 모든 별들은 갑자기 늘어난 중력으로 인해 중심으로 더 강하게 수축하게 된다. 다이얼을 더 오른쪽으로 돌리면, 멀쩡하게 빛나던 별들이 스스로의 중력을 이기지 못하고 폭발하기 시작할 것이다. 당신은 이 다이얼 하나만으로 우주에 존재하는 모든 별을 폭발시키고 블랙홀로 만들어 버릴 수 있다. 운이 좋다면 전 지구적 불꽃 쇼를 관찰할 수도 있겠지만, 지구는 강력해진 태양의 중력에 이끌려 생명체가 살 수 없는 뜨거운 행성이 되어 버릴 것이고, 아쉽게도 그런 행성에 당신이 살아있을 자리는 없다.

다이얼을 왼쪽으로 돌리면 어떤 일이 벌어질까? 체중계에 올라간 당신의 몸무게가 줄어들어 행복할 수도 있겠지만, 곧이어 나쁜 소식이 더 많이 들려올 것이다. 지구의 공기가 우주로 탈출하기 시작하고, 이로 인해 숨을 쉴 수 없게 되는 것은 아주 사소한 소식에 해당한다. 감소된 G의 여파는 지구와 태양계에서 끝나지 않고 전 우주로 확대된다. 중심에서 핵융합 에너지를 발산하던 별들은 줄어든 중력 때문에 차갑게 식어버리고, 입자들 간에 끌어당기는 힘이 너무 약해져 더 이상 우주에는 새로운 별이 만들어지지 않을 것이다. 이는 우주의 죽음을 의미한다.

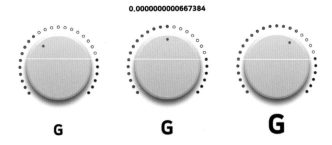

[그림 59] 현재의 중력 상수를 조금이라도 크게 만들거나 작게 만드는 사건이 벌어진다면, 어떤 쪽이든 인류는 멸망을 피할 수 없다.

따라서 우주의 운명은 그야말로 '숫자'가 규정한다고 말할 수 있으며, G 말고도 이런 숫자가 몇 가지 더 있다. 전자기력이라 불리는 힘도 마치 중력 상수처럼 미세 구조 상수 α라 불리는 값이 존재하고, 그 값은 약 0.0072973525693이다. 전자기력은 원자들 사이에 작용하는 힘인데, 물질의 배열을 결정하는 매우 중요한 역할을 한다. 따라서 중력 상수와 마찬가지로 미세 구조 상수의 값이 우연히 바뀌게 된다면 지금의 우리는 존재할 수 없게 될 것이다. 우주를 결정하는 이런 상수들은 매력적인 숫자가 아닐 수 없다.

그러나 피타고라스가 G, 또는 α와 같은 상수들을 본다면, 이 숫자들이 그다지 아름답지 않다고 말할 것이 틀림없다. 중력 상수와 미세 구조 상수는 손가락으로 셀 수 있는 '자연수'가 아니며, $\frac{1}{2}$, $\frac{2}{3}$처럼 깔끔한 자연수의 비율을 가지는 수도 아니기 때문이다. 하지만 이런 값은 그 존재 자체로 현대의 사람들에게 일종의 신비감을 불러일으키기 충분하다. 실제로 일부 사람들은, 생명체가 존재할 수 있도록 이 값들이 미세 조정된 것이 아니냐는 의심을 하며, 종교를 가진 사람들은 이 개념을 신의 존재와 연관시키기도 한다. 물론 신이라는 개념을 가져오지 않고 이러한 미세 조정을 설명하려는 시도들도 있는데, 우리가 종종 영화에서 접하는 다중 우주의 개념도 그러한 시도 중 하나이다. 하지만 서로 다른 상숫값을 가지는 무수히 많은 우주가 존재하고, 우리는 그중 생명체가 살 수 있는 상수를 가진 우주에 살고 있다는 주장은, 신의 개념과 마찬가지로 받아들이기 쉽지 않을 것이다.

혹은 어쩌면 이러한 미세 조정에 관한 생각 자체가 잘못된 것일 수도 있다. 수학자인 이언 스튜어트는 자동차를 비유로 들면서 미세 조정에 관해 비판적인 견해를 내비친다. 그는 여러 요소가 동시에 변형된다면, 생명체가 존재할 수 있는 우주가 존재할 확률이 미세 조정을 옹호하는 사람들의 주장보다는 훨씬 높을 수 있다고 말한다.

> 자동차를 만든다면, 제대로 된 설계를 가지고 시작했다가 너트는 그대로 내버려둔 채 볼트 크기를 싹 바꾸는 짓은 절대로 하지 않을 것이다. 혹은 바퀴는 그대로 내버려둔 채 타이어 크기만 싹 바꾸는 짓은 하지 않을 것이다. 그건 미친 짓이다. 한 요소의 사양을 바꾸면, 자동적으로 다른 요소들에도 연쇄적인 효과가 미치게 된다. 제대로 된 자동차 설계를 새로 만들려면, '많은' 것을 조화롭게 변화시켜야 한다.[94]
>
> 『우주를 계산하다, 이언 스튜어트』

신이 우리를 존재하도록 하기 위해 다양한 힘들의 상수를 미세 조정했든, 인류가 다양한 미세 구조 상수를 가지는 우주 중 하나에 우연히 존재하든, 혹은 이러한 생각 자체가 필요 없는 것이든 간에, 현재 우주의 모습을 유지하는 데 이 상수들이 매우 중요한 역할을 하고 있음은 부정할 수 없는 사실이다. 우주가 정교한 수에 지배받는다는 생각의 측면에서, 여전히 우리는 피타고라스의 손바닥 안에 있다.

## 알레고리

기원후 1세기 말은 학생들이 배워야 할 교양과목이 확립되고 일종의 교과과정이 생겨난, 교육의 관점에서 매우 중요한 시기였다.

---

*기초 3과목: 문법, 논리, 수사*

*고등 4과목: 산술, 기하, 천문, 음악*

---

94. 이언 스튜어트, 우주를 계산하다, 이충호 역, (흐름출판, 2019), p.473

이 교양과목들은 서양 사유의 원천이자 토대였던 동시에, 예술작품의 알레고리로도 많이 활용되었다. 5세기경, 마르티아누스 카펠라Martianus Minneus Felix Capella가 출판한『메르쿠리우스와 필로로기아의 결혼에 대하여[95]』라는 책 속에는 일곱 가지 교양과목들이 주인을 돕는 하인으로 묘사된다. 흥미로운 사실은, 프랑스 샤르트르 대성당에 이 일곱 가지 교양이 의인화되어 조각된 벽이 있는데, 그 조각에 피타고라스가 있다는 것이다[그림 60]의 오른쪽. 거기서 그는 일곱 가지 교양 중, 음악을 담당하는 모습으로 조각되었다. 르네상스 시기 음악 이론가인 가푸리우스 Franchinus Gaffurius, 1451-1522의 책『음악 이론』에서도 소리를 연구하는 피타고라스를 발견할 수 있는데, 네 개의 삽화에서 6, 8, 9, 12의 숫자와 더불어 4와 16도 쓰여진 것을 확인할 수 있다. 즉 라파엘로를 포함한 여러 예술가는 피타고라스를 음악의 아버지로 보았다. 현대의 우리는 '피타고라스 정리'가 머릿속에 지나치게 각인된 나머지, 그의 기하학적 업적만을 보는 색안경이 끼워져 있지만 말이다.

[그림 60] (왼쪽) Franchinus Gaffurius, Theorica mvsice Franchini Gafvri lavdensis, (Philippus de Mantegatiis, 1492), Library of Congress, p. 38. 르네상스 시대의 음악 이론가이자 작곡가였던 가푸리우스가 쓴 책. 피타고라스는 음의 비율을 연구하고 있는 모습으로 그려진다. (오른쪽) 샤르트르 대성당의 피타고라스 조각.

95. 『De nuptiis Philologiae et Mercurii』. 여기서 Mercurii는 '수성', Philologiae는 '문헌학'으로 번역할 수 있다.

물론 피타고라스를 우리에게 더 익숙한 수학적 측면으로 묘사한 작품도 있다. 일곱 가지 교양과목을 알레고리로 그려낸 것으로 유명한 로랑 드 라 이르 Laurent de la Hyre, 1606-1656의 작품 『산술의 알레고리』에는 덧셈, 곱셈, 뺄셈 등의 연산이 적힌 종이를 든 여인이 등장한다. 그리고 종이의 받침대 위에는 PYTHAGORAS 가 적혀 있다. 이 작품은 피타고라스의 산술적 업적을 강조하고 있는 셈이다.

[그림 61] Laurent de La Hyre, Allegory of Arithmetic, 1650, Oil on canvas, 40²⁵⁄₃₂ × 44″ (103.6 × 112㎝), The Walters Art Museum, Baltimore. 이 그림에서 로랑은 피타고라스의 산술적 측면을 강조한다. 숫자 위에 PYTHAGORAS가 적힌 것을 확인할 수 있다

로랑은 피타고라스를 꽤 좋아했던 것 같다. 또 다른 자신의 작품 『기하학의 알레고리』[96]에 '피타고라스 정리'를 그려 넣어, 피타고라스에게 산술뿐 아니라 기하학의 공로도 인정했기 때문이다. 이처럼 피타고라스는 산술, 기하, 음악 등 다양한 영역에서 활약하며 큰 존경을 받은 인물이다. 하지만 예술가들이 단지 그

---

96. 『기하학의 알레고리』는 '유클리드' 장에서 자세하게 소개할 예정이다.

를 존경하기 때문에 작품의 주제로 삼은 것은 아니었다.

　르네상스 시기의 예술가는 고대 그리스 못지않게 음악, 논리학, 천문학 등 여러 분야를 통달한 보편인이 되도록 요구받았고, 수학도 예외는 아니었다. 화가들은 수학을 매우 중요한 교양과목으로 인식하고 있었으며, 자신이 수학적 교양을 잘 알고 있다는 증거로 그림 속에 수학적 알레고리가 담긴 장치들을 넣거나, 매우 기술적인 원근법을 활용하여 그림을 그리기도 했다. 알브레히트 뒤러 Albrecht Dürer, 1471-1528는 특히 이 영역에서 천재성을 드러낸 것으로 평가받는다. 그의 작품인 『멜랑콜리아 I』에는 수학적 장치들이 가득하다. 깎다 만 다면체와 마방진, 컴퍼스를 든 천사의 모습은 우리를 생각에 잠기도록 만든다. 그는 단순히 예쁜 그림을 그리는 사람이 아니라 우리를 알레고리의 세계로 이끄는 인도자이다.

[그림 62] Albrecht Dürer, Melencolia I, 1514, Engraving, 9⅜ × 7¹⁵⁄₁₆″ (23.8 × 18.6cm), The National Gallery of Art, Washington, D.C. 이 작품은 수학적 장치들로 가득하다. 다면체와 구체, 날개 달린 천사가 든 컴퍼스, 그리고 가로와 세로의 합이 언제나 34인 마방진이 벽에 새겨져 있다. 그러나 뒤러의 마방진은 단순한 숫자놀음 이상의 의미를 가진다. 마방진의 가장 윗줄에 있는 16, 5(3+2)와 가장 아래 줄의 15, 14는 알브레히트 뒤러의 어머니의 사망 날짜(1514년 5월 16일)를 나타내기 때문이다. 마방진 근처에 세월의 덧없음을 상징하는 '모래시계'와 '종'이 그려져 있는 것도 이러한 이유 때문이다. 뒤러는 그의 어머니가 사망하기 두 달 전, 어머니의 초상화를 남겼다. 두 천사가 그림의 제목처럼 멜랑콜리한 표정을 짓는 것은 당연한 일이다.

르네상스의 예술가들이 수학적 자질을 뽐내기 위해 사용한 또 다른 요소는 바로 원근법이었다. [그림 63]을 바라보면, 이 공간의 직선 전체가 마치 보이지 않는 한 점에서 만나고 있는 것 같은 느낌이 든다. 이른바 선 원근법은 르네상스 회화에 생동감을 불어넣어 준 수학적 해법이었다.

[그림 63] Albrecht Dürer, Saint Jerome in His Study, 1514, Engraving, 9⁹⁄₆₄ × 7²³⁄₆₄″ (24.4 × 18.7㎝), Staatliche Kunstsammlungen, Dresden. 1514년에 완성된 이 작품 또한 뒤러 특유의 수많은 알레고리를 볼 수 있지만, 그림에서 가장 강렬하게 느껴지는 것은 바로 한 점을 향해 뻗어 나가는 직선의 원근이다. 라파엘로의 『아테네 학당』에서도 이러한 직선의 내달림을 느낄 수 있다.

라파엘로 또한 '보편인'으로서 사람들에게 자신의 역량을 보여주어야 했다. 자신이 모든 분야에 탁월하다는 것을 증명하기 위해, 라파엘로는 궁리 끝에 '피타고라스의 칠판'으로, 피타고라스가 산술과 음악을 아우르며 발견한 수의 아름다움에 관해 말하는 방식을 택한 것으로 보인다. 이처럼 라파엘로는 각 인물을 묘사하는 디테일을 집어넣어 자신의 회화적 재능은 물론이고, 산술적 교양과 음악적 소양도 가지고 있음을 대중에게 드러내고자 했다.

[그림 64] Albrecht Dürer, The Draughtsman of the Lute, woodcut, 5⅛ × 7⁹⁄₁₆″ (13 × 18.2㎝), The Metropolitan Museum of Art, New York. 류트와 같은 곡선형 물체는 선형 원근법으로 그리기 매우 까다롭다. 알브레히트 뒤러는 이러한 물체를 선형 원근법으로 그리는 방법을 제시하고 있다. 카라바조, 한스 홀바인Hans Holbein, 1497-1543과 같은 거장의 그림 속에도 아름다운 곡선을 갖는 류트가 등장하는데, 화가 데이비드 호크니David Hockney, 1937-는 그들이 류트를 그리기 위해 여러 도구들을 사용했을 것으로 추측한다.

# 다시 생각해보는 '피타고라스 정리'

    아무리 피타고라스가 다방면에서 활약했다고 해도, 역시 '피타고라스 정리'를 언급하지 않은 채 이야기를 끝내긴 아쉽다. 비록 과거엔 그의 정리에 거부감을 느꼈을지라도, 피타고라스의 '수의 사상'을 진지하게 받아들이고 수를 우주의 질서로 이해하고자 노력한다면, 피타고라스 정리에 대한 안 좋은 기억을 지우고 그저 아름답게 음미할 수 있을 것만 같다.

    피타고라스 정리의 훌륭한 점은 패턴을 '일반화'하고 '규칙'을 선언하여 질서를 확립한 것이다. 우리는 수많은 정리와 증명을 학교에서 대수롭지 않게 배우고 있지만, 이러한 업적을 달성하기란 매우 어려운 일이다. 사실 피타고라스 정리가 선언되기 천 년 전, 고대 바빌론의 학자들도 직각삼각형의 규칙을 어느 정도 알고 있었던 듯싶다. 그러한 근거로 제시되는 것이 바빌론의 점토판 중 하나인, 『Plimpton 322』다.

[그림 65] Plimpton 322, BCE. 1800, Columbia University, New York. 바빌론 시대에 쐐기문자로 쓰인 이 점토판에는 피타고라스 삼중쌍이 나열되어 있다.

이 바빌론의 점토판에는 숫자들이 빼곡하게 적혀있는데, 쉽게 설명하자면 3-4-5, 6-8-10, 5-12-13과 같은 숫자들, 흔히 $a^2 + b^2 = c^2$으로 표현되는 피타고라스 정리를 만족하는 '피타고라스 삼중쌍'들이 새겨져 있다.[97] 바빌론의 학자들이 이러한 수의 나열로부터 '일반화'된 '정리'를 도출했든, 혹은 피타고라스가 그랬든 간에 최종적으로 그 공은 피타고라스에게 돌아갔다. '바빌론의 정리'가 아니라 '피타고라스 정리'라는 이름이 붙었으니 말이다. 만약 바빌론 사람들이 이런 삼중쌍들을 보고도 '정리'를 만들어내지 못했다면, 그들이 바보였기 때문이 아니라 '정리'라는 것이 그만큼 어려운 작업임을 보여주는 사례일 것이다.

## 피타고라스 정리의 진정한 문제

피타고라스 정리는 위대하고 아름다웠지만, 피타고라스 자신에겐 상당한 골칫거리였다. 그가 신봉했던 수비학과 완전히 양립하지 못했기 때문이다. 앞서 보았듯 피타고라스학파는 1:2, 2:3, 3:4와 같은 깔끔한 자연수의 비율을 매우 선

---

97. 실제로는 $(a/c)^2$과 b, c가 적혀있으나, 피타고라스 삼중쌍과 관련된 수임은 변함이 없다.

호했다. 하지만 피타고라스 정리에서 도
출되는 값들은 그렇지 못한 경우가 많으
며, 가장 단순한 삼각형 중 하나인 직각
이등변 삼각형조차 문제가 발생한다.

밑변과 높이의 길이가 1로 동일한 직
각 이등변 삼각형의 대각선 길이를 $x$라
고 한다면 밑변의 제곱과 높이의 제곱의
합은 대각선의 제곱의 합과 같다는 피타
고라스 정리에 의해 $1^2 + 1^2 = x^2$이 성립해
야 한다. 즉, $x^2 = 2$를 만족하는 값을 찾아

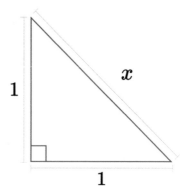

[그림 66] 밑변과 높이가 1로 동일한 직각삼각형의 대
각선 길이는 피타고라스 정리로 표현할 수 있다.

야 하는 것이다. 어떤 수를 두 번 곱해서 2가 나오도록 하는 수가 존재할 수 있을
까? 1을 두 번 곱하면 1이고, 2를 두 번 곱하면 4이므로, $x$는 분명 1과 2 사이의
어떤 값을 가질 것이다. 피타고라스학파는 분수를 이용해 이 값을 찾으려 노력
했지만, 성공하지 못했다. 이 $x$는 자연수의 비를 이용해 표현할 수 없는 값이기
때문이다. 현대 수학 체계에선 이 값을 $\sqrt{2}$라는 기호를 이용해 표현하거나 '제곱
근 2'라고 부른다. 이런 수들은 하나, 둘처럼 셀 수 있는 수의 범주도 아니고, 자
연수의 비로 이루어진 분수도 아니기 때문에, 쉽게 인식할 수 있는 수의 범주에
서 벗어난다. 이렇게 무리수irrational number의 출현은 아이러니하게도 유리수를 신봉
한 피타고라스학파 내부에서 싹을 틔웠다.

이런 맥락에서, '무리수'의 영어 단어는 상당히 적합하다고 볼 수 있다. $\frac{2}{3}$, $\frac{3}{4}$
와 같이 분수 체계를 포괄하는 유리수의 영어 표현은 'Rational number'인데,
'Ratio'는 '비율'과 '이성'이라는 뜻을 가진다. 피타고라스에게 유리수는 정말 '이
성'적으로 완벽한 수였을 것이다. 반면 무리수를 뜻하는 단어에는 접두사 'Ir-'
이 붙는다. 이 접두사는 일반적으로 부정의 의미를 가지고 있으니, 'Irrational
number'는 말 그대로 비율이 맞지 않는 수이면서 동시에 '비이성'적인 수이다.
피타고라스학파에게 $\sqrt{2}$와 같은 무리수는 정말로 이성적이지 못한 수였다.

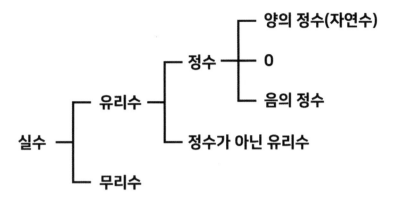

[그림 67] 교과과정에 실린 현대 실수 체계. 유리수와 무리수가 완전히 분리되어 있음을 알 수 있다.

특수한 변의 길이를 가진 경우를 제외한 대부분의 직각삼각형은 무리수의 출현을 예고하지만, 자연수의 비율을 신봉했던 피타고라스학파는 이 사실을 숨기려 했다고 전해진다. 실제 사건인지 명확하진 않으나, 피타고라스학파의 일원인 히파수스Hippasus, BCE. 5세기-BCE. 4세기가 무리수를 발견하고 이 사실을 다른 사람에게 알렸다는 이유로 익사의 형벌을 선고받았다는 이야기는 유명하다. 이암블리코스Iamblichus, 245-325라는 신플라톤주의 철학자는, 히파수스가 무리수 때문이 아니라 정십이면체의 비밀을 발설했기 때문에 죽임을 당했다고 기록했다. 정십이면체는 우주를 의미하고, 플라톤이 말한 두 종류의 직각삼각형으로 만들어질 수 없는 정오각형으로 구성된다는 것을 독자들이 기억하고 있기를 소망한다. 히파수스가 무엇 때문에 죽임을 당했든, 우리가 주목해야 할 점은 무리수를 포함한 새로운 수의 체계, 즉 실수 체계의 필요성은 이미 고대 그리스에서부터 제기되었다는 것이다.

당시 그리스 사람들은 '기하학'적으로 무리수를 받아들인 것으로 알려져 있다. 그들은 수많은 신을 숭배했고 당연히 제물을 바치는 의식도 있었는데, 신에게 더 큰 성의를 보이기 위해 때로는 제단의 부피를 두 배로 늘려야 했을지도 모른다. 이 문제는 단순해 보일 수도 있지만 사실 그렇지 않은데, 기존 제단의 가로, 세로, 높이를 두 배로 늘려서는 문제가 해결되지 않기 때문이다.

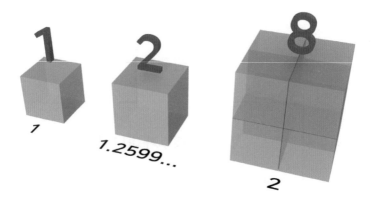

[그림 68] 한 변의 길이가 1인 정사면체 제단의 부피를 두 배로 늘리려면, 한 변의 길이가 약 1.259921인 제단을 만들어야 한다. 이는 유리수가 아니며 $x^3 = 2$를 만족하는 값이자, $\sqrt[3]{2}$으로 표기할 수 있다. 만약 단순히 가로, 세로, 높이를 두 배로 만들어버리면, 제단의 부피는 여덟 배가 되어버린다.

결국 무리수는 실용적인 측면에서 꼭 필요한 수였다. 하지만 피타고라스학파는 무리수를 진정한 '수'로 인정하지 않았고, 결국 $\sqrt{2}$와 같은 수는 기하학인 선분의 길이로만 사용되었다. 만약 이들이 무리수를 받아들여 수들을 체계적으로 구분하고 정리했다면, 수학은 훨씬 진보를 이루었을 것이다.

피타고라스 정리에서도 이들의 고집은 계속되었다. 피타고라스학파는 무리수가 나오는 것을 피하기 위해, 현재 일반적으로 알려진 피타고라스 정리가 아닌 더 어렵고 변형된 버전을 사용한 것으로 추정되고 있다. 그들이 만든 식을 이용하면 무리수가 없는 일부 피타고라스 삼중쌍을 도출할 수 있다. 이를 현대적인 방식으로 적어 보면 [그림 69]와 같다.

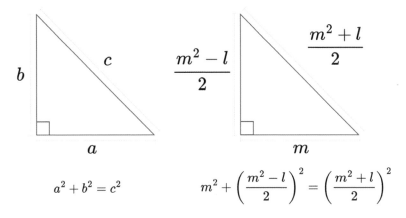

$$a^2 + b^2 = c^2 \qquad m^2 + \left(\frac{m^2-l}{2}\right)^2 = \left(\frac{m^2+l}{2}\right)^2$$

[그림 69] (왼쪽) 현재 쓰이는 피타고라스 정리. (오른쪽) 무리수를 피하기 위한 피타고라스 정리를 표현한 식. 여기서 m은 1보다 큰 홀수이다.

즉, 피타고라스학파는 위대한 규칙을 발견하긴 했지만 무리수의 값을 의도적으로 피하기 위해 오히려 더 복잡한 정리를 사용했을 가능성이 있다. 만약 이것이 사실이라면 피타고라스학파는 자신들의 옳다고 여기는 세계에 규칙을 끼워 맞추는 실수를 저지른 것이다.

이런 기묘한 일이 발생한 이유는 피타고라스학파가 자연수를 신봉했고, 이 수들에 신성(神聖)이 깃들어 있다고 보았기 때문이다. 특히 1, 2, 3, 4로 표현된 테트락티스가 우주의 비밀을 담고 있다고 생각했으며, 4와 10에 집착했다. 그래서 피타고라스학파는 무리수의 존재가 그들의 가치 체계를 전복시킬 위험을 내포하고 있다고 생각했다.

그들은 기존에 가졌던 신념 체계를 유연하게 바꾸기보단, 새로운 발견을 쉬쉬하며 묻어 버리는 쉬운 길을 택했다. 피타고라스학파가 자신들이 원하는 결과만을 선택하고 그 나머지를 의도적으로 무시하는 취사 선택은 'ΕΠΟΓΔΟΩΝ'에서도 찾아볼 수 있었다. 그러니 우리는 '피타고라스 정리'에서 그들의 위대함을 느끼는 동시에, 가장 어두웠던 면들도 인식하여 반면교사로 삼아야 한다.

## 아인슈타인의 실수

피타고라스학파가 저지른 잘못은 혁신의 과정 중에 필연적으로 겪는 진통과도 같아 역사에서 반복되어 왔다. 심지어 위대한 과학자인 아인슈타인도 비슷한 실수를 저지른 바 있다. 아인슈타인이 어떤 실수를 했는지 이해하기 위해 1900년대로 거슬러 올라가 보도록 하자.

1905년은 물리학 역사에서 '기적의 해'로 불린다. 아인슈타인은 그 해에 네 편의 논문을 연달아 발표했고, 모두 최고의 내용으로 평가받는다. 첫 번째는 '광전 효과'를 설명하는 논문으로, 빛이 파동인 동시에 입자임을 밝힌 논문이다. 두 번째는 작은 입자들의 무작위적인 운동을 통계역학적으로 규명하고, 원자의 존재를 암시한 '브라운 운동'에 관한 것이다. 세 번째와 네 번째는 우리가 한 번쯤은 들어보았을 '특수 상대성이론'과 '등가 원리'에 관한 논문이다. 그로부터 10년이 지난 후인 1915년에는 그 유명한 '일반 상대성이론'이 발표된다.

아인슈타인이 일반 상대성이론을 발표한 1915년 당시에는 정적인 우주관, 즉 우주는 수축하지도 팽창하지도 않는다는 것이 학계의 일반적인 견해였으며 아인슈타인 또한 그렇다고 생각했다. 하지만 아인슈타인은 자신이 완성한 상대성이론을 보고, 우주가 중력으로 인해 안정적인 상태를 유지하지 못하고 붕괴할 수도 있음을 알아차렸다. 아인슈타인은 2년 후에 이 문제를 해결하기 위해, 다시 말해 정적인 우주 모델을 만들기 위해서 자신의 일반 상대성이론의 장 방정식에 $\Lambda$[98]라는 새로운 보정항을 추가하여 우주가 붕괴하는 것을 막았다. $\Lambda$는 중력의 영향을 완전히 상쇄하는 값을 가졌기 때문에, 아인슈타인의 정적 우주관을 완성하는 핵심적인 상수였다. 그래서 우리는 $\Lambda$를 '우주 상수'라고 부른다. 이제 모든 것이 완벽해 보였다. 하지만 그 행복이 오래 가진 않았다.

$$R_{\mu\nu} - \frac{1}{2}Rg_{\mu\nu} + \Lambda g_{\mu\nu} = \kappa T_{\mu\nu}$$

[그림 70] 다시 등장한 아인슈타인 장 방정식, 우리는 이 식에서 $\Lambda$를 확인할 수 있다.

---

98. Lambda. 그리스 알파벳의 30번째 글자로 '람다'로 읽는다.

1927년 르메트르<sub>Georges Lemaître, 1894-1966</sub>는 아인슈타인의 장 방정식을 해석한 후, 우주가 팽창하고 있다는 주장을 펼쳤다. 르메트르의 말처럼 시간이 지나면서 우주가 팽창하는 게 사실이라면, 과거로 거슬러 올라갔을 때 우주의 모든 물질이 뭉쳐있는 순간, 더 나아가 한 점에 있는 순간이 있어야 할 것이고, 그 점에서 폭발이 발생해야 함을 의미했다. 이것이 바로 그 유명한 '빅뱅 이론<sub>Big Bang Theory</sub>'이다. 아인슈타인은 르메트르에게 '빅뱅[99]'을 조금 더 고민해 보라고 조언했다.

그러나 에드윈 허블<sub>Edwin Hubble, 1889-1953</sub>이 일련의 관측을 통해 우주가 팽창하고 있다는 사실을 정리하여 1929년 논문으로 발표하자, 아인슈타인을 포함한 정적 우주론의 지지자들은 궁지에 몰린다. 결국 아인슈타인은 자신의 방정식에 들어있는 우주 상수의 개념을 포기하고, 우주가 팽창하고 있음을 인정한다. 훗날 그는 우주 상수의 개념을 자신의 장 방정식에 도입한 사건을 '가장 멍청한 짓'이었다고 말했다.

아인슈타인은 르메트르보다 12년 일찍, 우주가 팽창한다는 이론을 가장 먼저 제안할 수도 있었다. 그는 방정식에서 우주가 붕괴를 피할 수 없음을 예감했다. 우주가 정적이어야 한다는 편견을 내려놓고, 방정식과 달리 현실에서 중력 붕괴가 일어나지 않는 원인이 무엇일지 조금만 더 고민했다면, 우주 자체가 팽창하고 있기 때문에 우주가 붕괴하지 않는다는 결론에 쉽게 도달했을지도 모른다. 아인슈타인은 뛰어난 직관을 가진 천재였으니 말이다. 하지만 그는 피타고라스학파가 그랬던 것처럼, 그리고 프톨레마이오스가 그랬던 것처럼, 식을 더 복잡하게 만드는 길을 택했다.

지성사를 통틀어 가장 뛰어나고 위대한 사람들조차 이런 실수를 저지른다. 하지만 아인슈타인은 피타고라스학파와 다르게, 우주 상수만큼은 자신의 잘못을 인정했다. 인류의 지식은 마치 생명체와 같아, 잘못을 범하고 다시 그 잘못을 인정하는 것을 돌파구 삼아 진보한다. 따라서 우리는 그들의 잘못을 너그럽게 용서하고, 우주의 규칙을 정리한 것에 감사를 표할 수 있을 것이다.

---

99. 르메트르가 '빅뱅'이라는 이름을 최초로 사용한 사람은 아니다. 이 단어는 프레드 호일<sub>Fred Hoyle, 1915-2001</sub>이라는 학자가 빅뱅 이론을 비판하기 위해 처음 사용한 것으로 알려져 있다.

## 반격 – 원자 신비주의와 우주 상수의 부활

그러나 피타고라스와 아인슈타인의 생각은 단순한 실수에서 비롯된 것이 아닐지도 모른다. 재밌는 점은 피타고라스학파의 핵심 관념, 즉 우주가 자연수의 비로 이루어져 있다는 믿음이 다시금 무덤에서 부활했다는 것이다. 그리고 이 부활을 주도한 장본인은 바로 현대 과학이었다.

1899년 막스 플랑크Max Karl Ernst Ludwig Planck, 1858-1947는 '흑체 복사 스펙트럼'을 설명하기 위한 작업에 착수한다. '흑체', '복사', '스펙트럼'. 한 개념에 들어가 있는 단어 전부가 우리에게 익숙지 않다고 해서 좌절할 필요는 없다. '흑체 복사 스펙트럼'은 철로 만들어진 구슬을 가열하는 상황과 비슷하다. 철을 가열하면 붉게 빛나고, 더 높은 온도로 가열하면 색이 점차 바뀌면서 흰색으로 보이게 된다. 그리고 철 구슬에서 나오는 빛을 프리즘으로 분리하면(무지개를 생각해 보자), 그 분포(스펙트럼)를 확인할 수 있다. 즉, '흑체 복사 스펙트럼'은 특정 온도로 가열된 물체가 방출하는 빛이 어떤 분포를 가지고 있는지에 관한 이야기이다. 그런데 대체 흑체 복사 스펙트럼과 자연수가 무슨 관계인 것일까?

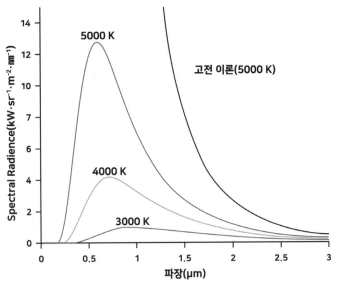

[그림 71] 온도(K)에 따른 빛의 분포. 고전 이론검은색 선의 예측은 실제 현상을 설명하지 못했으며, 막스 플랑크는 빛이 온도에 따라 이런 분포를 가지는 원인을 설명하고자 했다.

물리학자였던 레일리John William Strutt, 1842-1919와 진스James Jeans, 1877-1946는 이미 열과 빛을 매우 잘 설명하고 있었던 고전적인 이론을 통해 흑체 복사 스펙트럼도 설명하려 했다. 그리고 그들이 고전 이론으로 유도한 그래프는 [그림 71]의 검은색 선이었고, 이는 실제 현상(파란색 선)과 괴리가 너무나 컸다. 즉, 고전 이론을 통해 흑체 복사 스펙트럼을 설명하는 시도는 참담한 실패였다. 흑체 복사는 분명 열과 관련되어 있는 현상임에도 기존의 이론이 맞지 않았던 것이다.

따라서 독일의 물리학자인 빈Wilhelm Wien, 1864-1928은 고전이론을 버리고 완전히 새로운 식을 도입했고, 어느 정도의 성공을 거둬 흑체 복사 스펙트럼과 유사한 그래프를 얻을 수 있었다. 이 연구 덕분에 빈은 열복사Thermal Radiation를 연구한 공로로 1911년 노벨 물리학상을 수상하게 된다. 그리고 마침내 막스 플랑크가 빈의 식을 보완해, 흑체 복사 스펙트럼을 설명하는 완전한 식을 만들어낸다. 하지만 그는 이 식을 완성하면서 너무나 기묘한 결론에 도달한다. 그 결론이란, '에너지는 반드시 불연속적인 값만을 가져야 한다'는 것이었다. 즉, 에너지는 소수점 단위의 값을 가질 수 없고 $1h\nu$, $2h\nu$, $3h\nu$와 같은 정수 값만을 가져야 한다. 이 결론은 기존의 지식, 즉 빛이 파동이며 따라서 연속적인 에너지 값을 가져야 한다는 고전적 지식과 완전히 대립되는 것이었다. 플랑크는 고전 물리학의 신봉자였기에, 자신이 내린 이러한 결론에 매우 괴로워했다고 전해진다.

$$E = nh\nu$$

[그림 72] 에너지는 $h\nu$에 정수 $n$이 곱해진 값을 가져야 한다. $h$는 플랑크 상수, $\nu$는 빛의 진동수이다.

하지만 아인슈타인은 플랑크의 결론을 빛에 적용하여 빛은 파동만이 아니라 입자이기도 하다는 매우 대담한 생각을 하게 되었고, 그가 1905년에 발표한 첫 번째 논문의 주제가 된다. 연속적이라고 생각했던 빛 에너지가 정수 값만을 가져야 한다니, 피타고라스가 이 소식을 살아서 들었다면 아주 흐뭇한 미소를 지었을 것이다.

이를 시작으로, 세계란 매우 작은 '불연속적인 덩어리'들로 이루어진 것은 아닌가 하는 의문이 물리학계에 퍼진다. 플랑크가 품었던 의문으로 인해 양자역학이 태동하기 시작한 것이다. 플랑크와 아인슈타인의 결론은 보어를 통해 전자의 궤도에까지 적용되었다. 이러한 세계 인식은 피타고라스학파가 신봉했던 수비학의 부활이나 다름없었는데, 양자역학 분야를 개척하여 노벨상을 받은 하이젠베르크는 당시 물리학계의 분위기를 이렇게 말했다.

> 참으로 기이한 물질의 안정성을 설명하기 위해 기존의 역학이나 천문학에는 생소한 추가적인 요청이 따라야 했다. 1900년 플랑크가 유명한 논문을 발표한 이후 그런 요청은 양자조건이라 불렸다. 이런 요청은 수의 신비에 속한 요소들을 원자물리학으로 들여왔다. 궤도에서 계산할 수 있는 물리량은 기본 단위, 즉 플랑크 작용양자의 정수배여야 한다는 것이다. 그런 규칙은 옛 피타고라스학파의 관찰들을 상기시켰다. 피타고라스학파에 따르면 진동하는 두 현은 현의 길이가 정수배일 때 서로 조화로운 화음을 낸다. 그러나 전자들의 행성 궤도와 진동하는 현 사이에 무슨 관계가 있단 말인가![100]
>
> 『부분과 전체, 베르너 하이젠베르크』

또 다른 양자물리학자인 에르빈 슈뢰딩거Erwin Schrödinger, 1887-1961도 공간 자체의 불연속성의 가능성을 제기하며, 피타고라스를 다시금 현실 세계에 가져다 놓았다. 피타고라스의 수비학이 현대 과학에서 재현되는 역사적 아이러니가 발생한 것이다. 물론 피타고라스는 오늘날 과학이 요구하는 엄밀함과 객관성을 통해 수의 사상을 만든 것은 아니다. 또한 그가 양자역학을 알았을 리도 만무하다. 하지만 그가 주장했던 수의 신비주의는 결과적으로 현대의 과학자들에게 영감을 불어넣은 화석 연료가 되었다. 그런데, 어디에선가 이런 이야기를 들어본 적이 있지 않은가? 현대 과학자들에게 영감을 준 고대 그리스 철학자는 플라톤만이 아니었다.

---

100. 베르너 카를 하이젠베르크, 부분과 전체, 유영미 역, (서커스출판상회, 2016), p.63

양자역학에서 피타고라스가 부활하는 한편, 1990년 말 천문학에서는 아인슈타인이 철회했던 우주 상수가 다시 논쟁의 대상이 됐다. 우주가 선형적으로 팽창하는 것이 아니라 팽창이 가속화되고 있다는 새로운 사실이 발견되었고, 이러한 가속의 근원으로 여겨지는 암흑 에너지가 아인슈타인이 만들어 낸 우주 상수로 설명될 수 있다는 가능성이 제기된 것이다. 수정의 여지는 있지만, 소위 Λ CDM[101]으로 불리는 표준 우주론 모형이 옳다면, 아인슈타인은 '우주 상수 개념을 철회한 것'을 다시 철회해야 하는 모욕을 견뎌야 할 것이다.

피타고라스학파가 가졌던 '수의 사상'과 아인슈타인이 도입했던 '우주 상수'가 다시 재현되는 기묘한 역사적 정반합은 노벨 물리학상 수상자 닐스 보어의 통찰력 있는 문장으로 정리될 듯싶다.

*올바른 주장의 반대는 잘못된 주장이다.*
*그러나 심오한 진리의 반대는 다시금 심오한 진리일 수 있다.*
*- 닐스 보어 -*

---

101. Lambda Cold Dark Matter, 첫 글자는 알파벳 A가 아니라 우주 상수의 기호인 Λ이다.

# 5장

# 유클리드

## BCE. 4세기 - BCE. 3세기

# 유클리드의 컴퍼스

『아테네 학당』에서 한 사람이 허리를 숙인 채 칠판에 컴퍼스를 대고 집중하고 있다. 이 인물은 기원전 300년경의 유클리드로 추정된다. 라파엘로는 집중하고 있는 유클리드의 모습으로 우리에게 무엇을 전달하고 싶었던 걸까? 가장 눈에 띄는 도구에서 시작해 라파엘로의 의도를 짐작해 보는 것이 좋겠다.

## 세계를 작도하다

초등학생에게 처음 컴퍼스를 손에 쥐여주면 온갖 기상천외한 방식으로 그것을 사용하지만, 컴퍼스의 원래 용도는 원이나 동일한 길이의 변을 그리기 위해서 쓰이는 도구이다. 일상생활에서 컴퍼스가 사용될 일은 흔치 않지만 고대 그리스 시대는 달랐다. 그들에게 닥친 현실적 문제들은 대부분 기하학(도형)과 관련된 문제들이었고, 이를 해결하기 위해 컴퍼스가 필요했다. 유클리드는 수학자로 큰 명성을 얻은 사람이니, 그의 기하학적 성취를 상징적으로 나타내기 위해 라파엘로가 그에게 컴퍼스를 쥐여주었다고 말한다면 가장 무난한 답이 될 것이다.

[그림 73] 『아테네 학당』의 유클리드는 손에 컴퍼스를 쥐고 있다.

[그림 74] The Frontispiece of Bible Moralisee, God as Geometer, 1220-1230, The Austrian National Library, Vienna. 13세기 성경에 그려진 설계자로서의 창조주. 세계를 작도하는 신의 모습은 중세 신학 서적에서 흔히 볼 수 있다.

[그림 75] William Blake, The Frontispiece of Europe a Prophecy, The Ancient of Days, 1794, The Fitzwilliam Museum, Cambridge. 18세기 말 윌리엄 블레이크가 쓴 책의 전면 표지. 여기에서 신은 황금 컴퍼스로 우주를 작도한다.

그러나 컴퍼스는 예술사에서 더 고귀한 쓰임새가 있다. 정확한 길이를 작도할 수 있다는 컴퍼스의 특성은 '질서'의 관념과 연관되고, '질서'의 관념은 '우주'로, '우주'는 다시 이 세계를 창조한 '신'과 연결된다. 플라톤은 우주를 창조한 조물주에게 기술자를 뜻하는 '데미우르고스'라는 명칭을 붙였다. 기술자에게는 도구가 필요한 법이고, 그중에서도 특히 컴퍼스는 훌륭한 도구로 여겨졌던 것 같다. 심지어 가톨릭 미술에서도 컴퍼스를 이용해 혼돈에서 질서를 창조하는 독특한 신의 모습을 볼 수 있다.

라파엘로는 『아테네 학당』에서 유클리드를 신처럼 그리진 않았지만, 그에게 컴퍼스를 쥐여주어 신과 같은 지위를 부여했다. 유클리드는 『원론』Elements을 집필하여 수학의 질서를 확립한 신이나 마찬가지였기 때문이다.

## 유클리드의 『원론』

유클리드의 생애는 기록이 많이 남지 않아, 기원전 300년쯤 알렉산드리아에서 수학을 가르쳤다는 사실 정도만이 알려져 있다. 유클리드가 직접 손으로 쓴 『원론』은 존재하지 않는다. 하지만 『원론』은 꽤 인기가 좋았는지 그 당시 많은 사람들이 『원론』의 해설서를 펴냈고, 몇몇 필사본이 남아있어 『원론』을 재구성할 수 있게 되었다.

『원론』은 당시에 논의된 수학적 문제들을 정리하고 증명한 책이다. 즉, 유클리드 혼자서 독창적으로 『원론』에 나온 내용들 전부를 생각해낸 것은 아니다. 하지만 그는 수학의 뼈대를 세우고, 이를 통해 논리적인 결론을 얻어냄으로써 증명을 엄밀화했다. 그렇게 『원론』은 불후의 명작이 되었다.

『원론』은 정의, 공준, 공리를 먼저 설명하는 것으로 시작한다. 그 일부를 여기에 옮겨보았다.

[정의Definition][102]

1. 점이란 부분이 없는 것이다.

2. 또한 선은 폭이 없는 길이이다.

3. 또한 선의 양 끝 말단은 점이다.

4. 직선이란 그 위에 점들이 균등하게 놓여 있는 것이다.

5. 또한 면은 길이와 폭만을 가진다.

(...)

[공준Postulates]

1. 임의의 점에서 다른 점으로 직선을 그릴 수 있다.

2. 또한 유한한 직선을 연장해서 그릴 수 있다.

3. 또한 중심과 반지름을 가진 원을 그릴 수 있다.

4. 또한 모든 직각은 서로 같다.

5. 또한 만약 한 직선이 다른 두 직선과 교차하여 같은 쪽의 내각
이 두 개의 직각(180도)보다 작다면, 무한히 늘려진 두 개의 다른
직선은 한 쪽에서 만난다.

[공리Common Notions]

1. 같은 것과 동일한 것은 서로 같다.[103]

2. 또한 만약 동일한 것에 같은 것을 더하면, 전체는 동일하다.[104]

3. 또한 만약 동일한 것에 같은 것을 빼면, 남은 것들은 같다.[105]

4. 또한 서로 일치하는 대상들은 서로 같다.

5. 또한 전체는 그 부분보다 더 크다.

『원론, 유클리드』


유클리드는 이런 형식으로 『원론』의 각 장에 쓰일 [정의]의 목록을 만들어낸
후, 다섯 가지의 [공리]와 [공준]을 써 내려갔다. [공준]은 (그가 생각하기에) 기

---

102. Euclid, Elements, trans. Richard Fitzpatrick, (2007), Book I, p.6
103. A=B이고 B=C이면, A=C이다.
104. A=B일 때, A+C=B+C이다.
105. A=B일 때, A-C=B-C이다.

하학 일반에 적용되는 진리를 적었고, [공리]는 모든 자연에 적용할 수 있는 진리를 적었다. 그는 정의, 공준, 공리를 이용하여 수많은 수학적 정리를 증명해냈고, 이 업적은 매우 탁월했기에 로랑의 작품『기하학의 알레고리 Allegory of Geometry』의 소재가 된 바 있다. 이 그림 속에서 한 여인은 유클리드의『원론』에 존재하는 세 개의 정리를 자랑스럽게 공표하고 있다.

[그림 76] Laurent de La Hyre, Allegory of Geometry, 1649, Oil on canvas, 40⅞ × 86⅛″ (103.8 × 218.8cm), The Legion of Honor Museum, San Francisco. 로랑의 작품『기하학의 알레고리』에서 한 여성이『원론』에 있는 세 가지 정리가 적힌 종이를 들고 있다.

그녀가 들고 있는 종이에는 [그림 77]과 같이『원론』에 존재하는 세 가지 정리가 그려져 있다. 왼쪽 위는『원론』1권의 47번 정리로, '피타고라스 정리'의 유클리드식 증명법이다. 왼쪽 아래는『원론』3권의 36번 정리로, 원의 접선의 길이에 대해 이야기하고 있다. 오른쪽 위는『원론』2권의 9번 정리로, 절단된 직선의 길이에 관한 관계식을 다룬다. 이들 모두 수학 교과과정에서 다루는 정리들이다. 만약 2300년 전의 수학자가 증명했다는 사실을 알았더라면, 우리가 조금 더 관심을 두고 이 정리들을 공부했을지도 모른다.

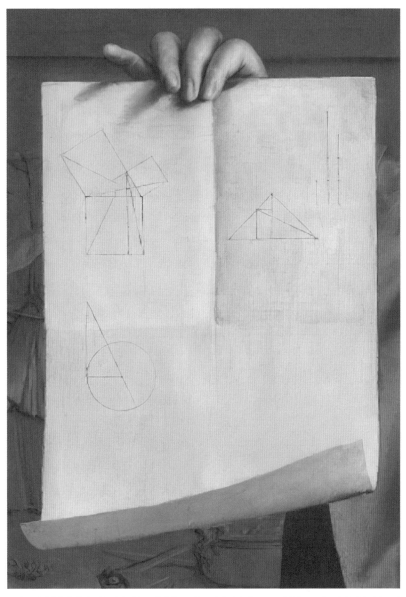

[그림 77] 『기하학의 알레고리』 세부. (왼쪽 위) 『원론 I』의 47번째 정리, (오른쪽 위) 『원론 II』의 9번째 정리, (왼쪽 아래) 『원론 III』의 36번 정리.

로랑의 그림엔 재밌는 장치들이 꽤 있다. 여인의 반대쪽 손에는 유클리드처럼 컴퍼스와 직각자가 들려져 있으며, 뒤에는 부서지기 일보 직전의 스핑크스와 피라미드가 있다. 기하학은 기원전 3000년의 메소포타미아와 이집트 수학을 출발점으로 삼는다. 하지만 그리스 출신인 유클리드가 취약한 기반으로 만들어진 낡은 수학을 부수고 『원론』으로 더 공고한 수학의 출발을 선언했기에, 이집트의 스핑크스와 피라미드가 무너지는 모습으로 묘사되었다고 추정한다. 또한 로랑은 그림 속의 그림인 풍경화로 자신이 수학적 원근법에 탁월했다는 것을 자랑하고 있다.

이렇게 높은 평가를 받았던 유클리드의 『원론』은 현대에 와서 어떤 평가를 받고 있을까? 애석하게도, 『원론』의 정의, 공준, 공리 중 일부는 학자들에게 완벽하다는 인상을 심어주지 못한다. 플라톤의 이데아를 논하는 장에서 이미 살펴보았듯, 점, 선과 같은 정의가 모호하게 되어있는 것이 대표적인 문제라고 할 수 있다. 저명한 인지과학자 더글러스 호프스태터는 자신의 대작인 『괴델, 에셔, 바흐』에서 이 문제를 지적한다.

> 누구나 이미 기지고 있는 분명한 어떤 개념을 어떻게 정의할 수 있을까? 유일한 방법은, 그 낱말을 전문용어로 쓰기로 한 것이므로 같은 철자로 된 일상생활 낱말과 혼동해서는 안 된다는 점을 분명히 할 수 있을 때뿐이다. 일상생활 낱말과의 연계는 단지 시사적일 뿐이라는 것을 강조해야만 한다. 그런데 유클리드는 그렇게 하지 않았다. 그가 『원론』에서 말한 점과 직선이 정말로 현실 세계의 진짜 점과 진짜 직선이라고 생각했기 때문이다.[106]
>
> 『괴델, 에셔, 바흐, 더글러스 호프스태터』

그러나 현대 수학의 논리 체계가 전개될 수 있게 된 공로에 유클리드가 포함되지 않는다고 말할 사람은 없을 것이다. 또한 유클리드의 다섯 번째 공준인 소위 '평행선 공준'은 훗날 엄청난 수학적 논쟁을 불러일으키며, 새로운 수학의 장을 여는 신호탄이 된다.

---

106. 더글러스 호프스태터, 괴델, 에셔, 바흐, 박여성, 안병서 역, (까치글방, 2017), p.121

# 유클리드와 피타고라스

'평행선 공준'을 이야기하기 전에, 잠시『원론』1권의 47번 정리인 '피타고라스 정리'로 돌아가 보자. 우리가 흔히 쓰는 피타고라스 정리에 관한 방정식은 과거에 존재하지 않았다. 16세기가 되어서야 로버트 레코드Robert Recorde, 1512-1558가 '같다'는 의미로 등호(=)를 사용하기 시작했고, 17세기에 데카르트René Descartes, 1596-1650가 상수를 나타내는 기호로 a, b, c 등을, 변수를 나타내는 기호로 x, y, z 등의 문자를 쓰자고 제안했기 때문이다. 따라서 초창기 피타고라스 정리는 방정식의 형태가 아니라 기하학적 형태로 설명하는 방식의 전수가 이루어졌다. 이 전수자 중 한 명이 바로 유클리드였다.

유클리드는 '피타고라스 정리'를 증명하기에 앞서, 그에 필요한 몇 가지 보조정리를 만들어낸다. 이후 [그림 78]의 푸른색으로 칠해진 위쪽 사각형의 넓이와 아래쪽 푸른색의 사각형의 넓이가 같음을, 그리고 붉은색으로 칠해진 위아래 사각형의 넓이도 각각 같음을 기하학적으로 증명해낸다. 이 증명 과정은 유려하지만 다른 방식의 증명법보다 상당히 어렵다고 느껴진다. 그래서 일부 수학 참고서는 '피타고라스 정리'를 유클리드 방식으로 증명하지 않고, 제임스 가필드미국의 20대 대통령의 증명법이나 바스카라인도의 수학자의 증명법만을 수록하기도 한다.

하지만 유클리드는 '피타고라스 정리'를 일부러 어렵게 증명한 것이 아니다. 그는 정의, 공리, 공준만을 사용하여 46번까지의 정리를 만들어내고, 다시 이 자원만을 활용하여 47번 정리인 '피타고라스 정리'를 증명해내는 논리적 개연성을 일궈낸다. 유클리드의 위대함은 시스템을 만들고, 철저하게 그 시스템 안에서 통용되는 새로운 규칙을 만들어냈다는 점에 있다.

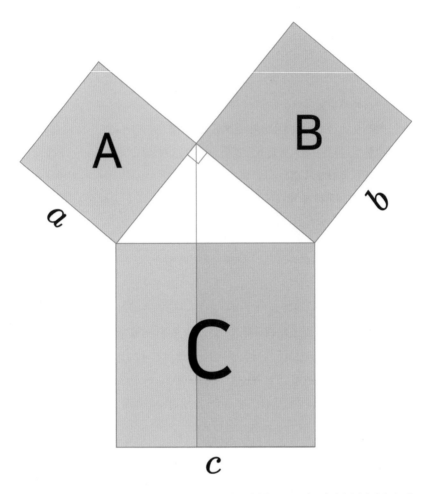

[그림 78] [원론 I, 정리 47] '피타고라스 정리'의 유클리드식 증명법. 일련의 논증으로 왼쪽 위 정사각형의 넓이 A는 아래의 푸른색 직사각형의 넓이와 같고, 오른쪽 위 정사각형 넓이 B는 아래의 붉은색 직사각형의 넓이와 같다. 따라서 A+B=C이고 넓이를 변의 길이로 표현하면 $a^2 + b^2 = c^2$.

## 유클리드, 브라만테, 라파엘로

유클리드를 이야기할 때『원론』의 내용은 빠질 수 없는 중요한 주제이다. 하지만 라파엘로는『아테네 학당』에서『원론』을 자랑스럽게 들고 있는 유클리드를 그리진 않았다. 플라톤과 아리스토텔레스를 묘사한 방식과 달리, 유클리드의 앞에는 칠판이 놓여 있고, 칠판에는 겹쳐 있는 두 개의 직각삼각형이 그려져 있다. 이 도형은 언뜻 보면 유클리드의『원론』에 있을 법한 중요한 정리처럼 보이기도 한다. 하지만 이 도형은『원론』어디에서도 찾아볼 수 없다. 여기서 우리는 의구심이 든다. 왜 라파엘로는 유클리드의 수많은 기하학적 증명을 마다하고 [그림 79]와 같은 도형을 그려 넣었을까? 린 겜웰Lynn Gamwell, 1943-등은 그 이유가 브라만테 때문일 것으로 추측한다.[107]

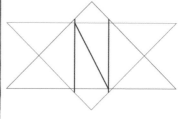

[그림 79] 유클리드의 칠판에 그려진 그림.

예술가 도나토 브라만테Donato Bramante, 1444-1514는 라파엘로의 먼 친척으로, 교황 율리오 2세Pope Julius II, 1443-1513에게 라파엘로를 소개해 준 것으로 추정된다. 이 추정이 사실이라면, 브라만테의 소개 덕분에 라파엘로가 바티칸 궁전의 벽에『아테네 학당』을 그릴 수 있었다고 볼 수 있다. 그래서 라파엘로는 감사함과 존경을 담아 브라만테를 모델로 유클리드를 그린 것일지도 모른다.

---

107. 라파엘로가 칠판에 정확히 무엇을 나타내고자 했는지는 확실하지 않다. 일부는 피타고라스 정리와 연관된 수학적 증명인 것이라고 추측하기도 하는데, 이와 관련된 내용이 궁금한 독자가 있다면 다음을 참고.
Haas, R, "Raphael's School of Athens: A Theorem in a Painting?", Journal of Humanistic Mathematics, Volume 2 Issue 2 (July 2012)

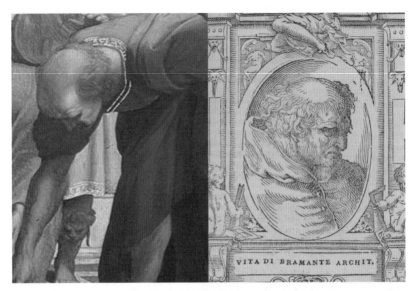

[그림 80] (왼쪽) 『아테네 학당』 세부. (오른쪽) Giorgio Vasari, Le Vite De' Piu Eccellenti Pittori, Scultori, E Architettori for Niccolò Pagni e Giuseppe Bardi, (Giunti, 1568), 27p, Royal Academy of Arts, London. 왼쪽에 그려진 『아테네 학당』의 유클리드와 조르조 바사리Giorgio Vasari, 1511-1574가 그린 오른쪽의 브라만테 초상화를 비교해보면, 두 모습이 상당히 닮았다는 사실을 알 수 있다. 바사리가 『아테네 학당』의 유클리드를 모델로 브라만테를 그렸다고 해도 충분히 믿을 수 있을 정도로 말이다.

브라민데는 율리오 2세의 명을 받아 '성 베드로 성당' 재건계획을 맡은 위대한 예술가였다. [그림 81]을 보면, 브라만테가 그린 베드로 성당의 설계는 대칭성을 띠고 있어 기하학적으로 아름다워 보이는데, 몇몇 전문가는 이런 구조가 직각삼각형의 대칭적 아름다움에서 영감을 받았다고 추정한다. 성 베드로 성당은 1506년에 설계되었고 『아테네 학당』은 더 이후에 제작되었으므로, 라파엘로는 브라만테가 보여준 대칭의 아름다움을 유클리드의 칠판에 새겨 브라만테를 기릴 수 있었을 것이다.

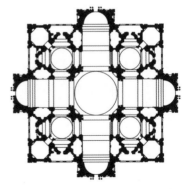

[그림 81] 브라만테의 성 베드로 성당 설계도. 대칭적 구조가 거대한 그리스식 십자가를 만든다.

그러나 베드로 성당 재건은 당초 목적과는 정반대로 교회의 권위를 약화하는데 기여한 일등 공신이 되어버리고 만다. 위대한 성당을 재건하겠다는 율리오 2세와 브라만테의 계획에는 막대한 양의 자금이 필요했다. 교황은 자금을 마련하기 위해 면죄부를 남발했고, 이런 행동은 마르틴 루터의 종교 개혁에 불씨를 댕겼다. 또한 불행하게도 브라만테가 1514년에 사망하는 바람에 베드로 성당 재건은 여러모로 차질이 빚어졌고, 결국 라파엘로가 바통을 이어받게 된다.[108] 『아테네 학당』이 완성된 지 3년 후의 일이다. 유클리드의 칠판은 브라만테의 것이기도 했지만, 라파엘로 자신의 것이 되었다.

라파엘로는 브라만테를 존경했지만, 베드로 성당의 설계를 [그림 82]와 같이 라틴십자가의 형태로 변경한다. 그러나 라파엘로 또한 젊은 나이에 사망했기에, 이후 베드로 성당은 노년의 미켈란젤로Michelangelo, 1475-1564를 포함한 여러 건축가들을 거쳐 현재의 모습으로 완공된다. 라파엘로가 유클리드의 칠판에 직각삼각형을 그릴 때, 브라만테의 뒤를 이어 베드로 성당의 건축을 맡게 될지는 몰랐을 것이다. 그리고 그도 자신의 설계대로 성당을 완공하지 못한 채 사망할 것이라고 생각지 못했을 것이다. 베드로 성당은 참으로 수많은 거장의 고민이 담겨있는 건축물인 셈이다.

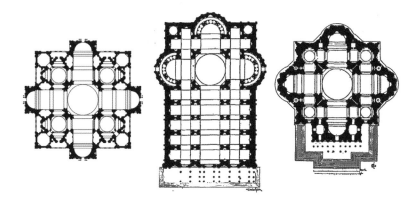

[그림 82] 베드로 성당 설계 변천사. 순서대로 브라만테, 라파엘로, 미켈란젤로의 설계. 브라만테가 1506년에 베드로 대성당의 재건을 맡고, 40년간 수많은 건축가의 손을 거쳐 미켈란젤로가 이를 이어받았다. 미켈란젤로의 설계가 다시 브라만테의 형태로 돌아간 것을 쉽게 눈치챌 수 있다.

---

108. 율리오 2세는 1513년에 선종하였고, 브라만테는 1514년에 사망하였다. 차기 교황으로 선출된 레오 10세는 라파엘로에게 베드로 성당 뿐 아니라, 대부분의 중요한 프로젝트를 맡기게 된다. 라파엘로는 브라만테의 진정한 후계자였다.

# 유클리드 대 비유클리드

## 질서에서 혼돈으로

유클리드의 『원론』 덕분에 수학이라는 학문엔 질서와 체계가 잡혀가는 것처럼 보였다. 라파엘로의 시대엔 그리스도교도 이전보다는 수학과 과학의 편을 꽤 많이 들어줬다. 자연의 섭리는 신의 섭리이기도 했으며, 이를 탐구하는 것은 신앙을 가진 학자의 의무로 여겨졌다. 뉴턴에 이르면, 과학의 분위기는 축제에 가까워진다. 만물을 조화롭게 창조한 신의 섭리가 손만 뻗으면 닿을 것만 같았다. 과학과 수학의 승리는 인류 이성의 승리인 동시에 신의 승리였다.

그러나 19세기가 되자 보석같이 여겨졌던 유클리드의 신성한 수학 체계는 그 토대가 송두리째 뽑힐 지경이 되어버린다. 여러 문제가 있었지만, 진정한 문제의 출발점은 유클리드의 다섯 번째 공준이었다.

> [공준 5] 만약 한 직선이 다른 두 직선과 교차하여 같은 쪽의 내각
> 이 두 개의 직각(180도)보다 작다면, 무한히 늘려진 두 개의 다른
> 직선은 한 쪽에서 만난다.[109]
>
> 『원론, 유클리드』

스코틀랜드의 수학자 존 플레이페어John Playfair, 1748-1819는 다섯 번째 공준을 다음과 같이 더 쉽게 썼으며, 이는 '평행선 공준'이라 불린다.

---

109. Euclid, Elements, trans. Richard Fitzpatrick, (2007), Book I, p.7

[공준 5의 쉬운 버전] 한 점을 지나며, 주어진 하나의 직선에 평행한 또 다른 직선은 오직 하나만 존재한다.

'평행선 공준'은 언뜻 보기엔 별문제가 없어 보인다. 하지만 이미 5세기에 프로클로스Proclus, 412-485는 평행선 공준이 뭔가 이상하다고 느끼기 시작했고, 천재 수학자 가우스Carl Friedrich Gauss, 1777-1855도 평행선 공준이 나머지 공준과 공리들로부터 독립되어 있음을 확신했다. 즉, '평행선 공준'은 나머지 9개의 공리, 공준으로부터 증명될 수 없는 별개의 것이었다. 가우스는 여기서 멈추지 않고, 유클리드의 '평행선 공준'을 만족하지 않는 새로운 기하학을 구상해 나갔다. 그리하여 '비유클리드 기하학Non-Euclidean Geometry'이 탄생하게 된다.

[그림 83] 파란색 점을 지나는 동시에, 파란색 직선과 평행한 직선은 **존재**하며, 그러한 직선은 단 **하나**이다. 이것은 '사실'일까?

비유클리드 기하학은 단순한 발견 이상의 결과를 가져왔다. 견고한 토대 위에 세워졌다고 생각한 유클리드의 기하학이 스캔들에 휘말린 것이다. '평행선 공준'을 만족하는 유클리드 기하학의 세계와, 이 공준을 만족하지 않는 비유클리드 기하학의 세계가 동시에 존재할 수 있는가? 어떤 논리가 사실일 때, 그것과 반대되는 논리 또한 사실일 수 있는가? 수학자들의 고통은 깊어져 갔지만, 고민으로 인한 성과도 있었다.

## 비유클리드 기하학과 세계의 모형

이제 수학자들은 다섯 번째 공준에 단 하나의 진리가 없다는 것을 받아들이고, 다섯 번째 공준을 어떻게 바라보는가에 따라 기하학을 세 개로 나눈다. 이 세 개의 기하학 모두 참으로 여겨지며, 주요한 특징을 적어보면 아래와 같다.

*1. 유클리드 기하학*
  *- 기존의 '평행선 공준'을 만족하고, 2차원 평면에서 성립하는 기하학*
  *- 삼각형의 내각의 합이 180도이다.*

*2. 리만 기하학*
  *- 한 직선과 만나지 않는 또 다른 직선은 존재하지 않는 기하학*
  *- 삼각형의 내각의 합이 180도보다 크다.*

*3. 가우스, 로바체프스키, 보여이의 비유클리드 기하학[110]*
  *- 한 직선과 만나지 않는 수많은 평행선이 존재하는 기하학*
  *- 삼각형의 내각의 합이 180도보다 작다.*

[그림 84] (왼쪽) 유클리드 기하학, (가운데) 리만 기하학, (오른쪽) 로바체프스키 기하학. 리만 기하학은 한 점을 지나면서 다른 직선과 평행한 선이 **존재**해야 한다는 것을 위반한다. 로바체프스키 기하학은 그러한 선이 **단 하나만** 존재해야 한다는 것을 위반한다.

---

110. 줄여서 로바체프스키 기하학이라고도 부른다.

세 개의 기하학을 나누는 기준으로, 수학자들은 공간이 구부러진 정도를 나타내는 '곡률'의 개념을 사용한다. 유클리드 기하학은 곡률이 0인 2차원의 평면에서 성립한다. 리만 기하학은 곡률이 0보다 큰 구의 표면에서 성립하며, 로바체프스키 기하학은 0보다 작은 곡률의 공간에 적용된다. 기하학의 법칙은 이제 공간에 따라 달라진다. 이러한 새로운 기하학이 없었다면 아인슈타인이 제기한 아이디어, 즉 시공간이 휘어져 있다는 일반 상대성이론의 핵심 아이디어는 모든 이의 비웃음을 샀거나, 아예 존재할 수 없었을지도 모른다.

'평행선 공준'의 문제는 기하학이 세 개로 쪼개지며 일단락되지만, 이로 인해 수학 체계 전반은 그 정당성을 의심받기 시작했고, 이 의심은 걷잡을 수 없이 커졌다. 현대 수학에 제기되는 혐의, 즉 수학이 완전한 토대를 가지는 학문인가에 관한 의구심은 아이러니하게도 유클리드에서 시작된 것이다.


## 이성은 구원될 수 있는가?

유클리드로 인해 촉발된 수학의 공리 체계에 관한 위기감은 1900년대에도 계속되었다. 앞서 말했듯, 유클리드는 수학에서 사용되는 점과 선이 실제 세계의 점과 선이라고 생각했고, 근대의 수학자들은 이로 인해 논리적인 모순이 발생한다고 보았다. 따라서 수학자들은 개념들이 이전의 정의로부터 독립되어야 한다고 생각했으며, 이 목표를 달성하고자 '정의하지 않고 사용하는 용어', 즉 '무정의 술어Undefined Word'라는 개념을 통해 점, 선, 면 등의 용어를 물리적 현실과 떼어놓고 추상적 구조 속에 편입하려 했다.

특히 이에 천착했던 수학자 버트런드 러셀은 '참이라고 여겨지는' 논리학을 이용해 수학의 기본 법칙들을 유도해낼 수 있다면, 유클리드의 실수를 극복하고 수학을 단단한 토대 위에 세울 수 있을 것이라고 생각했다. 그렇게 러셀과 그의 스승이었던 화이트헤드는 유클리드의 『원론』을 대체할 『수학 원리Principia Mathematica』를 기획한다.

『수학 원리』는 '참이라고 여겨지는' 논리학을 통해 수학을 구출하려는 시도였

으며, 이것이 상당히 어려운 작업이었다는 것은 '1+1=2'를 증명하는 부분만 살펴
봐도 알 수 있다. 『수학 원리』는 논리학의 기호를 이용해 공리를 세우고, 그 공리
만을 이용하여 정리를 유도하는 굉장히 어렵고 지루한 작업이었다.

$*54\cdot42.$ $\vdash :: \alpha \epsilon 2 . \supset :. \beta \subset \alpha . \exists ! \beta . \beta \neq \alpha . \equiv . \beta \epsilon \iota``\alpha$

    *Dem.*

$\vdash . *54\cdot4 .$ $\supset \vdash :: \alpha = \iota`x \cup \iota`y . \supset :.$

            $\beta \subset \alpha . \exists ! \beta . \equiv : \beta = \Lambda . \vee . \beta = \iota`x . \vee . \beta = \iota`y . \vee . \beta = \alpha : \exists ! \beta :$

$[*24\cdot53\cdot56 . *51\cdot161]$     $\equiv : \beta = \iota`x . \vee . \beta = \iota`y . \vee . \beta = \alpha$           (1)

$\vdash . *54\cdot25 . \text{Transp} . *52\cdot22 . \supset \vdash : x \neq y . \supset . \iota`x \cup \iota`y \neq \iota`x . \iota`x \cup \iota`y \neq \iota`y :$

$[*13\cdot12]$    $\supset \vdash : \alpha = \iota`x \cup \iota`y . x \neq y . \supset . \alpha \neq \iota`x . \alpha \neq \iota`y$        (2)

$\vdash . (1) . (2) . \supset \vdash :: \alpha = \iota`x \cup \iota`y . x \neq y . \supset :.$

            $\beta \subset \alpha . \exists ! \beta . \beta \neq \alpha . \equiv : \beta = \iota`x . \vee . \beta = \iota`y :$

$[*51\cdot235]$                              $\equiv : (\exists z) . z \epsilon \alpha . \beta = \iota`z :$

$[*37\cdot6]$                                $\equiv : \beta \epsilon \iota``\alpha$       (3)

$\vdash . (3) . *11\cdot11\cdot35 . *54\cdot101 . \supset \vdash . \text{Prop}$

$*54\cdot43.$ $\vdash :. \alpha , \beta \epsilon 1 . \supset : \alpha \cap \beta = \Lambda . \equiv . \alpha \cup \beta \epsilon 2$

    *Dem.*

     $\vdash . *54\cdot26 . \supset \vdash :. \alpha = \iota`x . \beta = \iota`y . \supset : \alpha \cup \beta \epsilon 2 . \equiv . x \neq y .$

     $[*51\cdot231]$                       $\equiv . \iota`x \cap \iota`y = \Lambda .$

     $[*13\cdot12]$                       $\equiv . \alpha \cap \beta = \Lambda$      (1)

     $\vdash . (1) . *11\cdot11\cdot35 . \supset$

       $\vdash :. (\exists x , y) . \alpha = \iota`x . \beta = \iota`y . \supset : \alpha \cup \beta \epsilon 2 . \equiv . \alpha \cap \beta = \Lambda$      (2)

     $\vdash . (2) . *11\cdot54 . *52\cdot1 . \supset \vdash . \text{Prop}$

    From this proposition it will follow, when arithmetical addition has been
defined, that $1 + 1 = 2$.

[그림 85] Alfred North Whitehead, Bertrand Russell, Principia Mathematica, (Merchant Books, 1910), Vol 1, p.379. 러셀과 화이트헤드의 『수학 원리』에 등장하는 '1+1=2'를 증명하는 논리적 방법 일부.

러셀과 화이트헤드는 『수학 원리』에 자그마치 10년을 바쳤지만, 수학을 단
단한 토대 위에 세우고자 했던 그들의 목표는 절반의 성공만을 거둘 수밖에 없
었다. 그들이 『수학 원리』에 사용한 논리학은 정말로 '참이라고 여겨지는' 학문
인가? 만약 논리학의 공리들이 참이 아니라면, 『수학 원리』 또한 유클리드의 『원
론』과 마찬가지로 그 토대부터 잘못된 것이 된다. 러셀은 『수학 원리』를 쓰면서
그 사실을 점차 인식하기 시작했다.

반면, 나는 모든 것들이 이해 가능한지 알고 싶었고, 또 다른 한편으론 더 행복한 세상을 창조하고 싶었다. 서른여덟 살까지 나는 대부분의 에너지를 첫 번째 일에 쏟았다. 나는 회의론에 빠졌고, 지식으로 통하는 대부분의 것들이 사실은 합리적인 의심을 할 여지가 있다는 결론에 가차 없이 인도되었다. 나는 종교적 신념을 원하는 사람들이 가지는 것과 같은 수준의 확실성을 원했다. 나는 그 확실성이 그 어디보다 수학에서 발견될 가능성이 크다고 생각했다. 하지만 나는 선생님들이 가르쳐주었던 많은 수학적 진술이 오류로 가득 차 있음을 알게 되었다. 그리고 만약 확실성이라는 것이 정말로 수학에서 발견될 수 있다면, 그것은 지금까지 확실하다고 생각되었던 토대보다도 더 견고한 새로운 종류의 수학이어야 함을 깨달았다. 하지만 일을 진행하며, 코끼리와 거북이에 관한 우화가 끊임없이 떠올랐다. 수학적 세계가 기댈 수 있는 코끼리를 구성하면서 나는 코끼리가 비틀거림을 알아차렸고, 다시 코끼리가 넘어지지 않도록 거북이를 창조하는 데 전념했다. 하지만 거북은 코끼리보다 안전하지 않았으며, 20년 동안의 매우 힘든 노력 끝에, 수학 지식을 의심할 여지 없이 만드는 방법에서 내가 더 이상 할 것이 없다는 결론에 도달했다. 그 후 제1차 세계대전이 발발했고, 나는 인간의 비극과 어리석음으로 초점을 돌리게 되었다.[111]

『기억으로의 초상, 버트런드 러셀』

논리주의가 이렇게 삐걱거리며 발전하는 동시에 직관주의도 싹을 틔웠다. 직관주의 수학자들은 논리학과 거리를 두고 인간의 직관을 신뢰했다. 논리주의든 직관주의든, 각 진영은 나름의 방식을 통해 수학의 문제점을 극복하려고 했다. 그러나 언제나 하나의 정답이 존재하는 줄 알았던 수학이 여러 개의 분파로 갈라진 데다가, 혜성처럼 나타난 쿠르드 괴델Kurt Gödel, 1906-1978은 '불완전성 정리'로 수학의 무모순성에 대한 믿음을 산산이 조각내고 만다.

---

111. Bertrand Russell, Portraits from Memory and Other Essays, (Simon and Schuster, 1956), p. 5

## 공리는 불변이 아니다

'어떠어떠한 것은 자명하다'는 공리로부터 출발하여, 새로운 정리를 만들어 내는 유클리드의 사고체계는 비단 수학만이 아니라, 우리 사회의 법과 질서에도 적용된다. 그러나 『원론』의 역사적 평가과정을 되돌아보면, 불변의 공리는 존재하지 않을지도 모르며, 때로는 수정을 거쳐야 하고, 심지어 복수의 공리가 옳을 수도 있다. 지금 우리는 모두가 평등하다는 공리를 자명하다고 (최소한 그래야 한다고) 여기지만, 19세기 이전 미국에서 이 생각은 자명하지 않았으며, 오히려 인종 간 차별이 정당하다는 생각이 우세했다. 결국 노예제도를 포기하지 못했던 미국 남부와 이를 금지하려는 북부의 견해 차이가 남북 전쟁을 일으킨 도화선이 되었다. 충돌의 상처는 피할 수 없었으나 결국 노예 제도는 폐지되었으며, 아직도 갈 길이 멀긴 해도 이전보다는 조금 더 나은 세상이 열렸다. 마치 유클리드의 평행선 공준이 자명하지 않다고 깨달았을 때 비유클리드 기하학이 탄생하여 과학자와 수학자들에게 새로운 세계를 보여준 것처럼, 만인의 평등을 지향하는 새로운 사회적 공리체계 또한 그에 못지않게 우리에게 풍요로움을 가져다주었다. 앞으로도 우리가 자명하다고 생각하지만 사실 그렇지 않은 것들을 찾아낸다면, 새로운 것을 보게 될 것임은 자명하다.

# 6장

# 아베로에스

## CE. 1126 - CE. 1198

# 계시 대 이성

라파엘로의 철학자들을 탐구하는 긴 여정도 이제 막바지에 다다랐다. 마지막으로 살펴볼 인물은 피타고라스의 글을 눈여겨보는 한 사람이다. 그는 흔히 아베로에스Averroes, Ibn Rushd, 1126-1198로 추정되는데, 『아테네 학당』에 등장하는 다른 인물들과 대비되는 독특한 이력을 가지고 있다. 그림에 그려진 인물들이 대부분 기원전 400년에서 기원후 100년에 생존했던 유럽 출신인 반면, 아베로에스는 아랍 사람인데다가 시간대도 한참 후인 12세기에 태어났기 때문이다. 이러한 사실로 인해, 라파엘로의 그림에서 아베로에스는 매우 이질적으로 느껴진다. 그림에도 라파엘로가 아베로에스를 『아테네 학당』에 그린 그럴싸한 이유를 추정하려면, 먼저 12세기 전후의 역사적 맥락을 돌아보아야 한다.

[그림 86] 터번을 쓴 아랍 사람. 많은 학자들이 이 인물을 아베로에스로 추정한다.


## 지혜의 집

로마 제국의 유스티니아누스Justinian I, 482-565 치세 하에서, 플라톤이 설립한 아카데메이아의 문은 529년에 닫힌다. 이는 6세기 유럽 전역에서 벌어진 학문의 쇠락을 단적으로 보여주는 신호탄이었다. 학문의 쇠퇴가 발생한 이유는 여러 가지로 추정된다. 대지진이 발생했고, 다른 민족들 간의 전쟁이 빈번했으며, 초기 그리스도교는 이교도의 학문과 지식을 극심하게 배척하는 양상을 보였다. 게다가 아랍인들이 알렉산드리아를 침략하여 도서관을 점령해, 고대 그리스 저작들의 명맥은 그야말로 끊기기 일보 직전이었다.

하지만 오히려 아랍인들이 알렉산드리아를 정복한 덕에 그리스 문헌들이 생명을 이어 나갈 수 있기도 했다. 아랍인들은 고대 그리스의 수학, 철학 문헌에 흥미를 느꼈고, 이 저작들을 모국으로 가져왔다. 특히 바그다드에 세워진 '지혜의 집'에서 플라톤, 아리스토텔레스, 갈레노스, 히포크라테스 등의 그리스 저서들이 아랍어로 번역되고, 학자들이 거기에 수많은 주석을 달며 학문적 토론이 오갔다. 수학과 천문학에 재능이 많았던 이븐 쿠라<sub></sub>Ibn Qurra, 836-901는 바그다드에 또 다른 번역학교를 설립하였고, 그곳에서 유클리드, 아르키메데스, 아폴로니우스의 저작과 프톨레마이오스의 저서 『알마게스트』의 번역 작업도 이루어졌다. 아랍 세계에서 이루어진 적극적인 번역이 아니었다면, 대부분의 고대 그리스 저작들은 지금까지 살아남지 못했음이 확실하다.

아랍 사람들은 왜 이렇게 번역 작업에 힘을 쏟았을까? 그들이 후대에 그리스의 저작을 전하겠다는 숭고한 목적을 가지고 작업에 착수했다고 생각할 수도 있겠지만, 이는 우리가 운 좋게 얻을 수 있었던 부수적 이익에 불과한 것 같다. 아랍 세계가 이토록 번역에 열성적이었던 이유는 따로 있었다.


## 울라마와 팔사파

당시 아랍 세계의 지식인은 두 축으로 양분되어 있었다. 첫 번째 축은 이슬람 역사에서 가장 중요한 예언자인 무함마드의 가르침과 율법을 '배운 사람들', 즉 '울라마'라고 불리는 학자 계급이었다. 이들은 종교학자로서, 예언자 무함마드가 옮겨 적은 신의 말씀인 '쿠란'과 무함마드가 생전 했던 말을 모아놓은 '하디스'를 해석하고 이를 이슬람 사회에 올바르게 적용하는 역할을 담당했다. 그들에겐 언제나 쿠란과 하디스가 먼저였고, '이성'에 의한 판단은 가장 마지막에나 사용할 수 있는 도구였다.

지식인의 두 번째 축은 '팔사파', 즉 철학을 신봉하는 '철학자' 계층이었다. 이들은 신의 계시가 이성으로 설명될 수 있다는 입장을 취했다. 이러한 입장을 가진 팔사파들이 고대 그리스 저작을 보고 기쁨에 빠지는 것은 당연한 귀결이다. 이 기쁨은 바로 아우구스티누스와 토마스 아퀴나스가 플라톤과 아리스토텔레스를 보면서 느꼈던 감정이 아닌가. 팔사파 또한 플라톤과 아리스토텔레스의 철학서를 쿠란의 또 다른 버전이라고 느꼈다. 아랍인들은 신플라톤주의 저작을 먼저 접하고 여기서 쿠란의 내용을 감지하여 깊이 파고든 결과, 플라톤과 아리스토텔레스를 발견한 것으로 추정된다. 이것이 바로 아랍 세계가 번역에 열성적인 이유였다.

우리에게 널리 알려진 유명한 아랍 철학자의 목록에는 알 킨디, 알 파라비, 이븐 시나, 그리고 곧 우리가 자세히 살펴보게 될 아베로에스와 같은 인물들이 포함되어 있다. 최초의 팔사파로 불리는 알 킨디는 신학자들의 입장을 정반대로 뒤집어, 신학이 철학에 예속되어야 함을 이야기하며 아랍 사회에 스캔들을 불러일으켰다. 알 파라비는 수학을 최고의 학문으로 쳤으며, 플라톤의 이데아론에 정통했던 이븐 시나는 자유의지를 주장하기도 했다. 우리는 철학과 이성을 중시하는 이러한 팔사파의 태도에 익숙함을 느낄 수 있는데, 사실 유럽 세계가 이들의 저작을 연구하며 플라톤과 아리스토텔레스의 사상을 다시 발전시켰기 때문이다. 팔사파는 토마스 아퀴나스가 탄생하기 이전부터 나름의 방식으로 플라톤 철학과 아리스토텔레스의 철학을 신학에 융합하려 시도했다. 9세기의 아랍은 플라톤과 아리스토텔레스가 부활한 또 다른 그리스나 마찬가지였다.

그러나 우리는 중세 유럽 신학자 에티엔 탕피에가 『219 항목에 관한 비난』을 통해 아리스토텔레스주의를 경계하며 오만한 철학자들을 단죄하려 시도했고, 가톨릭 내부에서조차 아리스토텔레스 철학의 지위를 놓고 프란치스코회와 도미니쿠스회가 대립했음을 보았다. 아랍 세계 또한 신학과 철학에 무게추를 다르게 놓는 울라마와 팔사파라는 두 지식 계층으로 양분되어 있었으니, 그렇다면 둘의 대립은 마찬가지로 피할 수 없다.

## 제상지대

시간이 지나며 가톨릭이 여러 입장을 가진 수도회로 나뉘었듯, 이슬람 신학자들 사이에서도 새로운 집단이 성장하며 기존의 정통파에서 갈라진다. 소위 '무타질라'로 불리는 이 학파는 성서인 '쿠란'의 영원불멸성에 의문을 가졌다. 기존 정통파 신학자들은 알라와 쿠란이 영원불멸하다고 말해왔다. 그러나 무타질라 학파는 쿠란은 알라에 의한 창조물이므로, 쿠란의 영원불멸을 주장하는 것은 유일신 알라에 대한 모독이라고 생각했다. 그들의 말처럼 쿠란이 영원불멸하지 않다면, 무슬림의 판단 기준은 무엇이 되어야 할까? 무타질라 학파는 아리스토텔레스식 합리주의에 큰 영향을 받아 '이성'이라는 도구가 무슬림의 판단 기준이 될 수 있다고 주장했다. 또한 그들은 쿠란이 '해석' 가능한 것이며, '비유'로 받아들일 수 있다고 말했다. 이는 이성에 의한 추론을 금지하고, 쿠란과 하디스를 통한 신의 '말씀'에서 진리를 찾는 정통 울라마와 극심하게 대립하는 견해이자 결정적인 차이였다.

그럼에도 무타질라 학파는 초기에 큰 성공을 거두었다. 팔사파는 당연히 무타질라 학파를 옹호했고, 아바스 왕조의 7대 칼리프인 알 마문Al-Ma'mun, 786-833은 무타질라의 신앙을 공식 국교로 선포했다. 무타질라 학파가 이토록 큰 성공을 이룬 배경은 알 마문의 학문적 성향과도 연관이 깊다. 알 마문은 '지혜의 집'을 바그다드에 설립한 장본인이며, 비잔틴 제국의 황제 테오필로스와 평화조약을 맺을 때 프톨레마이오스의 『알마게스트』를 요구할 정도로 지적인 욕구가 충만한 칼리프였다. 의학에 매우 정통했지만, 그리스도교의 이단 종파로 여겨져 배척되었던 네스토리우스파의 후손을 받아들인 것도 알 마문이었다. 그리고 알 마문은 지금도 우리를 굽어보고 있다. 천문학에도 여러 공헌을 한 덕분에, 달의 분화구 중 하나에 그의 이름이 붙어 있기 때문이다.

[그림 87] Skyllitzes Matritensis, Biblioteca Nacional de España, Madrid. 테오필로스에게 사절을 보내는 알 마문.

그러나 알 마문은 어떤 면에선 상당히 극단적인 칼리프였다. 그는 미흐나 Mihna라고 불리는 종교 박해 정책을 실시하여, 무타질라 학파에 동의하지 않는 종교학자들을 강제 투옥하고 고문하는 만행을 저지르기도 했다. 정통파 울라마는 알 마문의 박해에 쉽게 순응하지 않았다. 가장 강경한 이슬람 원리주의자이자, 위대한 울라마로 칭송받는 아흐메드 이븐 한발Ahmad ibn Hanbal, 780-855이 종교재판에 회부되었을 때, 그는 쿠란의 창조성에 관한 논쟁을 벌이며 알 마문의 신학자들과 대립했다. 이븐 한발은 고된 고문을 받았는데, 고문을 받을수록 이븐 한발의 인기는 대중에게 나날이 높아졌다. 결국 알 마문이 사망한 이후 그의 후계자는 이븐 한발을 석방할 수밖에 없었고, 이로 인해 무타질라 학파와 팔사파의 권위는 상당히 추락하게 된다. 이 사건을 계기로 아랍 세계에 성서 우선주의가 부활하며, '이성에 의한 추론'은 '계시에 의한 말씀'에 자리를 꽤 내어준다.

# 코르도바의 아베로에스 _____

그리스 철학의 재발견이 바그다드에서만 일어난 것은 아니었다. 에스파냐 (스페인)가 아브드 알라흐만 1세Abd al-Rahman I, 731-788에게 정복되면서, 에스파냐에는 아랍의 문화와 서양의 문화가 어우러진 독특한 분위기가 형성된다. 특히 에스파냐의 수도 코르도바는 대학교가 설립되어 학문의 중심지로 발돋움하며, 바그다드, 콘스탄티노플과 함께 세계의 3대 문화적 중심지로 거듭난다. 아베로에스는 1126년에 이런 지적 분위기를 풍기는 도시 코르도바에서 판사의 아들로 태어났다. 그는 여러 분야에 두각을 드러낸 천재적인 인물로 기록되는데, 특히 눈의 생물학적 구조를 일찍이 제시하고, 파킨슨병의 증세와 뇌졸중의 원인을 분석한 훌륭한 생물학자이자 의사이기도 했다.

## 모순의 모순

하지만 그가 진정으로 관심을 가진 분야는 바로 철학이었다. 특히 아리스토텔레스의 저작에 깊은 관심을 가져 진지하게 연구한 결과, 아베로에스는 아리스토텔레스의 주석가로 널리 이름을 알리게 된다. 아베로에스는 당시 아랍 세계에서 유행하던 신플라톤주의를 비판하는 동시에, 알 가잘리Al-Ghazali, 1058-1111로 알려진 신학자를 맹렬하게 공격했다.

알 가잘리는 아랍 사회에서 벌어진 계시 대 이성 간의 투쟁과 아베로에스를 연결하는 접점 역할을 한다. 아흐메드 이븐 한발이 알 마문에게서 풀려난 이후, 그의 뜻을 이어받은 알 아샤리al-Ash'ari, 874-936라는 인물은 이성을 배제하고 계시를 중심으로 하는 아샤리 학파를 성장시킨다. 하지만 무타질라 학파 또한 만만치 않아서 아리스토텔레스의 논리학과 수사학을 이용해 아샤리 학파를 공격한다. 이때 아샤리 학파를 무타질라 학파의 공격에서 구해낸 인물이 바로 알 가잘리다. 알 가잘리는 어릴 때부터 쿠란과 하디스를 완전히 꿰뚫고 있었던 것으로 알려진 울라마로, 아리스토텔레스의 철학에도 정통했던 것으로 알려져 있다. 재밌는 사실은 그가 아리스토텔레스 철학을 이슬람교에 융합하기 위해 공부한 것이 아니라, 오히려 그리스 철학과 팔사파를 거부하려고 아리스토텔레스를 공부했다는 점이다. 알 가잘리는 『철학자들의 목표』와 『철학자들의 모순』을 집필하여 아리스토텔레스 철학의 특징을 이야기하고, 쿠란과 상충하는 지점을 광범위하게 지적한다. 아랍 세계에서 알 가잘리는 위대하고 천재적인 종교학자로 칭송받지만, 철학과 이성의 힘을 약화시킨 책임이 있다.

> 그들의 불신의 근원은 "소크라테스", "히포크라테스", "플라톤", "아리스토텔레스"와 같은 소리 높여 부르는 이름들과 그들의 추종자들의 잘못된 인도와 과장에 있다.[112]
>
> 『철학자들의 모순, 알 가잘리』

알 가잘리에게는 이슬람 사회에서 여성의 지위를 약화시킨 책임도 있다. 그의 책 『종교과학의 부활』에서는 여성의 역할에 관해 광범위하게 논하는 부분이 존재하는데, 요약하자면 여성의 사회 활동을 금해야 한다는 내용이 주를 이룬다. 전통적으로 가부장 사회였던 아랍 세계였을지라도, 여성은 남성과 함께 활동할 수 있었다. 그러나 알 가잘리 이후에는 많은 것들이 달라졌다. 『철학자들의 모순』과 『종교과학의 부활』은 큰 성공을 거두었지만, 현대적 관점에서 보면 거대한 후퇴나 다름없었다.

---

112. Al-Ghazali, The Incoherence of the Philosophers, trans. Michael E. Marmura, (Brigham Young University Press, 2000), p. 2

여성을 위한 에티켓

(...)

**첫째:** 여성은 반드시 집의 성역 안에 남아있어야 한다. 여성은 과
도하게 출입해서도 안 되고, 이웃들과 자주 이야기해서도 안 되며,
필요할 때만 방문해야 한다. (...) 여성은 남성의 허락 없이 집을 나
서면 안 되며, 만약 허락받아도 낡은 옷으로 자신을 숨겨야 한다.[113]

『종교과학의 부활, 알 가잘리』

아베로에스는 알 가잘리의 책 『철학자들의 모순』에 자극받아 『철학자들의 모
순의 모순』을 집필한다. 아베로에스 사상의 핵심은 결국 다시 돌고 돌아 이성과
계시와의 관계를 재정립하는 것이었다. 그는 바닥에 떨어진 '철학'의 위상을 다
시 회복하기 위한 노력의 일환으로 신의 존재가 이성으로 설명 가능하다는 입장
을 취했고, 성서가 비유로 이루어져 있다고 주장했다. 또한 아베로에스는 '철학'
의 활동이 종교와 상충될 이유가 없다고 말한다. 아리스토텔레스 철학을 쿠란에
적용할 때 보이는 모순은 우리가 쿠란을 있는 그대로 해석하기 때문이며, 쿠란
의 언어를 비유로 받아들인다면 문제는 해결될 것이라고 설득했다.

이 종교는 진실이고 진리를 아는 연구를 불러일으킨다. 따라서 우
리 무슬림 공동체는 실증적 연구가 경전이 우리에게 준 것과 상충
되는 결론을 이끌어내지 않는다는 것을 분명히 알고 있다. 진리는
진리에 반대하지 않고 진리와 일치하며 진리에 대한 증인이 되기
때문이다.

(...)

모든 이슬람교도들은 우화적 해석의 원칙을 받아들인다. 그들은
단지 그 적용의 정도에 대해 동의하지 않을 뿐이다.[114]

『종교와 철학의 조화에 관하여, 아베로에스』

---

113. Al-Ghazali, The Revival of the Religious Sciences, trans. Mohammad Mahdi al-Sharif, (Dar Al-Kotob Al-Ilmiyah, 2011), Vol
II, p.97
114. Averroes, On the Harmony of Religion and Philosophy, trans. George Hourani, (American University of Beirut, 1961),
Chapter II, p.4-5

위의 주장은 아베로에스 이전부터 존재하던 무타질라 학파의 관점과 크게 다르지 않지만, 많은 시간을 아리스토텔레스 연구에 바친 덕분에 그는 세부적인 측면에서 천재성을 발휘한 것으로 평가된다. 또한 아베로에스는 또 다른 철학자인 알 파라비Al-Farabi, 870-950와 이븐 시나Ibn Sina, 980-1037를 어느 정도 옹호하기도 한다.

> 알 파라비와 이븐 시나를 향한 가잘리의 고발의 내용, 즉 세계의 영원성과 특수자에 대한 신의 무지, 육체의 부활을 부정했다는 주장은 잠정적일 뿐, 확실하지는 않다.[115]
>
> 『종교와 철학의 조화에 관하여, 아베로에스』

서양에서 벌어진 플라톤과 아리스토텔레스의 왕좌 다툼, 나아가 아우구스티누스와 토마스 아퀴나스의 신학적 투쟁의 근원은 사실 일찍이 아베로에스가 먼저 시작한 것이라고 볼 수 있다. 다만, 우리는 이미 유럽에서 토마스 아퀴나스가 아리스토텔레스를 옹호하는 것이 쉽지 않았음을 보았다. 서양에서 아리스토텔레스를 의심의 눈초리로 바라보았던 것처럼, 아베로에스의 주장 또한 당시 아랍세계에서 성공을 거두지 못했고, 이성은 계시의 벽 앞에 또다시 속절없이 무너지고 만다. 결국, 아베로에스는 고발당해 몇 년간 추방당한다. 그러나 아베로에스의 생각이 여기서 싱겁게 끝나진 않았다.


## 모순의 모순의 모순

아랍 세계의 서적이 다시 유럽에 전해지게 된 것은 톨레도의 아랍어 번역가들 덕분이다. 코르도바와 톨레도는 스페인 남부의 안달루시아 지역에 속해있었고, 이 지역을 방문한 그리스도교 학자들은 아랍 철학자들의 번역서는 물론이고 플라톤, 아리스토텔레스의 저작을 포함한 고대 그리스의 다양한 아랍어 번역본도 접할 수 있었다. 특히 크레모나 출신의 제라르두스Gerardus Cremonensis, 1114-1187는 톨

---

115. Averroes, On the Harmony of Religion and Philosophy, trans. George Hourani, (American University of Beirut, 1961), Chapter II, p.6

레도에서 큰 명성을 떨친 아랍 서적 번역가로, 프톨레마이오스의 『알마게스트』를 재번역하고, 이븐 시나의 의학 관련 서적과 대수학의 창시자로 이름을 떨친 알콰리즈미Al-Khwarizmi, 780-850의 문헌도 번역하여 유럽 세계에 가져다주었다. 아리스토텔레스와 아베로에스의 번역도 상당 부분 왕성한 톨레도 번역가들의 활동으로 이루어졌다. 덕분에 아베로에스의 견해는 소위 '아베로에스주의Averroism'로 불리며 스페인을 거점으로 광범위하게 전파되어 약 400년간 서양 세계에서 유행하게 된다. 아랍 세계에서 아리스토텔레스의 최고 권위자는 알 가잘리였을지 몰라도 중세 유럽에서는 아베로에스가 최고 대우를 받았으며, 그 권위에 걸맞게 아베로에스의 저서는 유럽의 주요 대학 교재로 사용되었다. 성 토마스 아퀴나스가 그를 강력하게 비판하기 전까지, 혹은 그 후조차도 아베로에스주의는 살아남았다.

아베로에스와 토마스 아퀴나스의 공통점은 성서와 아리스토텔레스 사상을 융합하려는 시도, 즉, 계시와 이성의 조화를 이루기 위해 노력했다는 점이다. 아베로에스가 아리스토텔레스와 쿠란의 종합을 시도했다면, 토마스 아퀴나스는 아리스토텔레스와 성경의 종합을 시도했다. 특히 성서를 이성으로 해석할 수 있다는 주장은 토마스 아퀴나스와 아베로에스가 공통적으로 동의하는 영역일 것이다. 하지만 토마스 아퀴나스는 아베로에스의 주장을 상당 부분 수용했음에도, 몇 가지 영역에서는 아베로에스의 사상에 동의하지 않았다.

특히 아베로에스의 주장 중, 우주의 영원한 본성, 인류 전체의 지성의 단일성[116] 등은 정통 교회가 달가워할 만한 것들이 아니었다. 아베로에스가 알 가잘리를 비판하기 위해 『철학자들의 모순의 모순』을 집필했듯, 토마스 아퀴나스는 아베로에스를 비판하기 위해 『아베로에스 비판을 위한 지성 단일성』을 집필한다.

베노초 고촐리Benozzo Gozzoli, 1421-1497가 그린 『성 토마스 아퀴나스의 승리』는 아베로에스에 대한 유럽 세계의 반감을 숨기지 않고 드러내고 있다. 토마스 아퀴나스 이후 확실히 유럽은 아베로에스를 달가워하지 않았다. 유럽 세계는 이슬람 세계에서 건너온 아리스토텔레스의 사상을 재발견한 것이 반가웠지만, 그 사상

---

116. 지성은 인간에게서 분리되어 존재하며, 인류 전체에게 공통된 단일한 실체라는 주장.

은 원래 우리의 것이었다는 일종의 양가감정이 존재했을지도 모른다. 또한 아베로에스는 이교도였으므로, 기독교의 우월성을 주장하기 위해 아베로에스의 업적을 폄하해야 한다는 의무감이 작용한 것은 아니었을까. 유럽 세계가 그를 어떻게 바라보았든 간에, 아베로에스는 이성을 계시에 적용하기 위해 부단히 노력한 투사였다.

[그림 88] Benozzo Gozzoli, Triumph of St Thomas Aquinas, 1450-1475, Tempera on wood, 90³⁵/₆₄ × 40⁹/₃₂″ (230 × 102㎝), Musée du Louvre, Paris. 고촐리의 그림 가운데에 토마스 아퀴나스가 위풍당당하게 있고, 그의 발밑에 아베로에스가 누워있다.

## 라파엘로의 숙제

아베로에스는 훌륭하다. 그는 아리스토텔레스를 다시 유럽 세계에 알려주었고, 토마스 아퀴나스가 성공적으로 아리스토텔레스와 그리스도교를 화해시켰기 때문이다. 아베로에스는 악하다. 이교도로서 아리스토텔레스의 저작을 훔쳐다 쿠란에 결합하려 했기 때문이다. 그에 관한 유럽의 이중적 평가는 라파엘로에게 숙제를 던져주었을 것이다. 아베로에스의 업적은 인정하되, 탁월하게 묘사되어선 안 된다. 『아테네 학당』에 그려진 아베로에스는 이러한 라파엘로의 고민이 드러난 결과물처럼 보인다.

사실 라파엘로는 단순히 아베로에스를 그리지 않음으로써, 아베로에스를 그렸을 때 발생할 신성모독의 문제를 원천 봉쇄할 수도 있었다. 교황의 궁전에 아베로에스를 그리는 것 자체가 꽤 위험하고 도발적인 행위이기 때문이다. 따라서 우리는 라파엘로가 편향된 유럽인의 시선으로 그를 우스꽝스러운 모습으로 그렸다고 마냥 비난할 수는 없어 보인다. 어찌 되었든 라파엘로는 아베로에스를 교황의 궁전에 새겼고, 다른 인물들에 비해 못나 보이긴 해도 아베로에스는 바로 그곳에서 불멸로 남아있다.

# 글을 맺으며

    본문을 다 써 내려갈 때쯤, 이 책의 제목으로 무엇이 적절할지 고민을 많이 해보았지만 쉽게 결론이 나지 않았다. 지금까지 이 책을 보아주신 독자분이라면,『아테네 학당』하나에 얼마나 방대한 주제들이 담겨있는지 공감해 주시리라 믿는다. 사상사에서 중요한 역할을 차지했으나, 여러 가지 사정으로 책에 싣지 못한 인물도 많다. 아쉽지만, 다음 기회를 기다리며 남겨두기로 했다.

    나는 라파엘로의 아름다운 작품을 빌어, 세상을 바라보는 우리의 방식이 '이성'과 '합리적 사고' 덕분에 얼마나 많이 바뀌었는지, 그럼에도 여전히 우리가 과거에 빚지고 있음을 이야기하길 원했다. 그리고 기왕 이야기하는 김에, 최신 과학 이론도 함께 이야기하면 더 좋겠다고 생각했다. 그렇지만 '과학'이라는 단어는 여전히 딱딱하고, 어렵게 느껴지는 것 같다. 다행히 이 책에 과학만 담겨있지는 않으므로, '과학'보다는 책을 집어 들기 수월한 '예술', '철학'과 같은 단어를 사용해도 괜찮을 것 같았다. 나는 이 책이 과학 서적으로 기억되길 원하지만, 책의 제목에 '과학'이 들어가지 않았다는 이유로 내 소망은 실현되지 않을 수도 있겠다. 하지만 더 많은 분들이 책 속의 이야기를 흥미롭게 읽어주시기만 한다면, 책의 분류 따위야 아무래도 상관없다.

    현대는 '철학자'와 '과학자'라는 두 단어를 대할 때 큰 차이를 보이지만, 철학은 '진리'를 사랑한다는 뜻이기에 넓은 의미에서 '과학'을 포괄한다. 플라톤은 철학자이자 천체물리학자, 생명공학자, 정치사회학자였다. 물론 현대적 관점에서 보면 약간 아쉬운 측면이 있지만 말이다. 이제 현대 사회에서 어떤 과학 이론을 주장하려면 논리적, 수학적 모델에 기반한 근거를 제시해야만 하고, 동료 교수들의 검증을 통과해야 하며, 때로는 실험으로 입증되어야만 한다. 갈릴레오 갈릴레이는 1564년에 태어났으므로, 인류가 실험과 이성을 활용하는 시스템적 기반을 갖춘 것은 아무리 좋게 봐준다 해도 500년이 채 되지 않았다.

그러나 문명은 계시의 속박에서 벗어나자마자 날개를 펼치고 이전보다 더 멀리 나아갔다. 과학은 세계를 구성하는 기본입자를 검출하고, 빅뱅의 흔적인 우주배경복사를 찾았으며, 중력파를 감지하고, 우리 은하 중심에 있는 블랙홀의 사진을 현상하는 수준에 도달했다. 우리는 정말로 진리의 성배를 찾아나서는 올바른 길을 찾은 것만 같아 보인다.

하지만 방심은 금물이다. 과학이 완성됐다고 생각했을 때, 그것을 비웃기라도 하듯 완전히 새로운 것이 시작되었음을 역사가 보여주기 때문이다. 표준모형은 새로운 전환점을 맞이하고 있으며, 암흑물질은 여전히 암흑 속에 있다. 우리가 성공적이라고 여기는 물리학 모델은 어쩌면 잘못된 것일 수도 있다. 만약 그렇다면, 미래 세대는 지금까지 쌓아 올린 성과를 부정하고 새로운 사상사를 써 나가야 할지도 모른다. 아리스토텔레스가 플라톤을 부정하고 나아간 것처럼, 그리고 갈릴레이가 아리스토텔레스를 부정하고 나아가야만 했던 것처럼.

더불어 우리는 그러한 잘못을 두려워하지 않아야 한다. 위대한 사람들도 실수를 했고, 인류는 그 실수를 딛고 나아갔다. 또한 어떤 것들은 틀렸다고 판명될지라도 그 위대성이 퇴색되지 않기도 한다. 위대함은 단순히 참과 거짓으로 판단받는 것이 아니며, 치열한 사유의 과정으로 판가름 나는 경우도 있기 때문이다.

진리란 참으로 사유하기 어려운 것이고, 현세, 심지어 먼 미래에도 찾지 못할지도 모른다. 그러나 라파엘로의 시선으로『아테네 학당』을 응시하노라면, 연기처럼 모호하던 진리와 이성의 빛줄기가 회화의 밖으로 찬란한 빛을 뿜어낸다는 것을 알게 된다. 그곳에 두 발을 딛고 서 있는 사상가들은 진리와 미가 정말로 존재하는 것이라고 강하게 주장한다. 그리고 마침내 인류는 그 주장에 동화되어, 기꺼이 성배를 다시 한번 찾아내겠다고 다짐하고야 마는 것이다.

# 참고문헌

본문에 인용되었거나, 사실관계 확인에 도움을 준 도서 및 참고 자료는 아래와 같다.

[1] Alfred North Whitehead, Bertrand Russell, Principia Mathematica, (Merchant Books, 1910)

[2] Al-Ghazali, The Incoherence of the Philosophers, trans. Michael E. Marmura, (Brigham Young University Press, 2000)

[3] Al-Ghazali, The Revival of the Religious Sciences, trans. Mohammad Mahdi al-Sharif, (Dar Al-Kotob Al-Ilmiyah, 2011)

[4] Aristotle, Metaphysics, trans. W. D. Ross, (Clarendon Press, 1924)

[5] Aristotle, Poetics, trans. S. H. Butcher, (Project Gutenberg, 2008)

[6] Averroes, On the Harmony of Religion and Philosophy, trans. George Hourani, (American University of Beirut, 1961)

[7] Bertrand Russell, Portraits from Memory and Other Essays, (Simon and Schuster, 1956)

[8] Christof Metzger et al., Albrecht Dürer, (Prestel, 2019)

[9] Euclid, Elements, trans. Richard Fitzpatrick, (2007)

[10] Gyula Klima et al., Medieval Philosophy: Essential Readings with Commentary, (Wiley-Blackwell, 2007)

[11] Haim Finkelstein, The Collected Writings of Salvador Dalí, (Cambridge University Press, 1998)

[12] Isaac Newton, The Principia, trans. I.Bernard Cohen et al., (University of California Press, 1999)

[13] Johannes Kepler, Mysterium Cosmographicum, trans. A. M. Duncan, (Abaris Books, 1979)

[14] Leonardo Da Vinci's Paragone: A Critical Interpretation with a New Edition of the Text in the Codex Urbinas, Claire J. Farago, (Brill, 1992)

[15] Lewis Campbell, The Seven Plays in English Verse, (Oxford University Press, 1906)

[16] Lynn Gamwell, Mathematics+art, A Cultural History, (Princeton University Press, 2016)

[17] M. Gell-Mann, "A Schematic Model of Baryons and Mesons", Physics Letters Volume 8, number 3, (1964)

[18] M. Gell-Mann, The Eightfold Way: A Theory of Strong Interaction Symmetry, (California Institute of Technology, 1961)

[19] Pierre-Simon Laplace, Essai philosophique sur les probabilités, trans. Frederick Wilson Truscott et al., (John Wiley & Sons, 1902)

[20] Plato, Parmenides, trans. Benjamin Jowett, (A Public Domain Book, 2012)

[21] Ptolemy, Almagest, trans. G. J. Toomer, (Duckworth, 1984)

[22] R. P. Hardie and R. K. Gaye, Complete Works of Aristotle, (Princeton University Press, 1984)

[23] Robert Boyle, The Sceptical Chymist, (J. M. Dent & Sons, 1900)

[24] Thomas Aquinas, Summa Theologica, trans. Fathers of the English Dominican Province

[25] 갈릴레오 갈릴레이, 대화, 이무현 역, (사이언스북스, 2016)

[26] 갈릴레오 갈릴레이, 새로운 두 과학, 이무현 역, (사이언스북스, 2016)

[27] 군나르 시르베크, 닐스 길리에, 서양철학사, 윤형식 역, (이학사, 2016)

[28] 난부 요이치로, 쿼크: 소립자물리의 최전선, 김정흠, 손영수 역, (전파과학사, 2019)

[29] 노스럽 프라이, 비평의 해부, 임철규 역, (한길사, 2000)

[30] 더글러스 호프스태더, 괴델, 에셔, 바흐, 박여성, 안병서 역, (까치글방, 2017)

[31] 데이비트 호크니, 명화의 비밀, 서상복 역, (한길사, 2019)

[32] 레너드 서스킨드, 우주의 풍경, 김낙우 역, (사이언스북스, 2011)

[33] 레온 바리스타 알베르티, 회화론, 김보경 역, (기파랑, 2011)

[34] 로저 펜로즈, 실체에 이르는 길, 박병철 역, (승산, 2010)

[35] 모리스 클라인, 수학, 문명을 지배하다, 박영훈 역, (경문사, 2005)

[36] 모리스 클라인, 수학사상사 I, 심재관 역, (경문사, 2016)

[37] 버트런드 러셀, 러셀 서양철학사, 서상복 역, (을유문화사, 2009)

[38] 베르너 카를 하이젠베르크, 부분과 전체, 유영미 역, (서커스출판상회, 2016)

[39] 아리스토텔레스, 니코마코스 윤리학, 박문재 역, (현대지성, 2022)

[40] 아우구스티누스, 고백록, 박문재 역, (CH북스, 2016)

[41] 엘리 마오, 피타고라스의 정리, 4천년 비밀의 역사, 전남식, 이동흔 역, (영림카디널, 2017)

[42] 움베르토 에코 외, 중세, 김효정, 주효숙 역, (시공사, 2015)

[43] 움베르토 에코, 미의 역사, 이현경 역, (열린책들, 2005)

[44] 이언 스튜어트, 우주를 계산하다, 이충호 역, (흐름출판, 2019)

[45] 조지 존슨, 스트레인지 뷰티, 고중숙 역, (승산, 2004)

[46] 존 더비셔, 미지수, 상상의 역사, 고중숙 역, (승산, 2009)

[47] 타밈 안사리, 이슬람의 눈으로 본 세계사, 류한원 역, (뿌리와이파리, 2011)

[48] 티모시 가워스 외, The Princeton Companion to Mathematics, (승산, 2014)

[49] 플라톤, 티마이오스, 김유석 역, (아카넷, 2019),

[50] 플라톤, 플라톤의 국가(政體), 박종현 역, (서광사, 1997)

[51] 피에르 아도, 고대 철학이란 무엇인가, 이세진 역, (열린책들, 2017)

[52] 피터 왓슨, 생각의 역사 I: 불에서 프로이트까지, 남경태 역, (들녘, 2009)

# 찾아보기

# 찾아보기

# 라파엘로가 사랑한 철학자들

예술은 어떻게 과학과 철학의 힘이 되는가

| | |
|---|---|
| **출간일** | 2023년 2월 14일 ㅣ 1판 2쇄 |
| **지은이** | 김종성 |
| **펴낸이** | 김범준 |
| **기획·책임편집** | 오소람, 임민정, 조부건 |
| **교정교열** | 정영주 |
| **편집디자인** | 나은경 |
| **표지디자인** | 임성진 |

| | |
|---|---|
| **발행처** | (주)비제이퍼블릭 |
| **출판신고** | 2009년 05월 01일 제300-2009-38호 |
| **주소** | 서울시 중구 청계천로 100 시그니처타워 서관 9층 949호 |
| **주문·문의** | 02-739-0739 **팩스** 02-6442-0739 |
| **홈페이지** | http://bjpublic.co.kr **이메일** bjpublic@bjpublic.co.kr |

| | |
|---|---|
| **가 격** | 20,000원 |
| **ISBN** | 979-11-6592-199-6 (03400) |

한국어판 © 2023 (주)비제이퍼블릭